BIBLIOTHÈQUE DES CONNAISSANCES UTILES

———

LE RUCHER

LIBRAIRIE J.-B. BAILLIÈRE ET FILS

Apiculture, par R. HOMMELL, ingénieur agronome, professeur régional d'Apiculture. 1906, 1 vol. in-18 de 542 pages avec 178 fig. (*Encyclopédie agricole*). Broché, 5 fr., cartonné........... **6 fr.**

Manuel d'Apiculture. Organes et fonctions des abeilles, éducation et produits, miel et cire, par M. GIRARD. 3e *édition*, 1896, 1 vol. in-18 de 328 pages, avec 84 figures, cartonné..... .... **4 fr.**

Traité de Zoologie agricole, comprenant la pisciculture, l'ostréiculture, l'apiculture et la sériciculture, par P. BROCCHI, professeur à l'Institut national agronomique. 1886, 1 vol. gr. in-8 de 984 pages, avec 603 figures, cartonné................... **18 fr.**

Entomologie et Parasitologie agricoles, par G. GUÉNAUX, chef de laboratoire à l'Institut national agronomique. 2e *édition*, 1909, 1 vol. in-18 de 528 pages, avec 413 figures. (*Encyclopédie agricole*). Broché, 5 fr. ; cartonné................................. **6 fr.**

Zoologie agricole, destruction des animaux nuisibles, protection des auxiliaires de l'agriculture, par G. GUÉNAUX. 1905, 1 vol. in-18 de 563 pages, avec 168 fig. (*Encyclopédie agricole*). Broché, 5 fr. Cartonné.. **6 fr.**

L'Art de détruire les Animaux nuisibles, par H. BLANCHON. 2e *édition*. 1909, 1 vol. in-18 de 292 pages, 111 figures, cartonné. **4 fr.**

Les Insectes nuisibles, par PH. MONTILLOT. 1891, 1 vol. in-18 de 306 pages, avec 156 figures, cartonné..................... **4 fr.**

Les Plantes des Champs et des Bois. Excursions botaniques. Printemps, Eté, Automne, Hiver, par G. BONNIER, professeur de botanique à la Faculté des Sciences de Paris, 1 vol. in-8 de 600 pages, avec 873 figures et 30 planches, dont 8 en couleurs...... **14 fr.**

Le Petit Jardin, par D. BOIS, assistant de la chaire de culture au Muséum, 3e *édition*. 1908, 1 vol. in-18 de 427 pages avec 206 fig., cartonné.. **4 fr.**

Culture potagère et Culture maraîchère, par BUSSARD, professeur à l'Ecole nationale d'horticulture de Versailles. 2e *édition*, 1909, 1 vol. in-18 de 473 pages, avec 190 figures (*Encyclopédie agricole*). Broché, 5 fr. ; cartonné................................. **6 fr.**

La Basse-Cour, guide pour l'élevage pratique et économique des poules, lapins, pigeons, canards, oies, dindons, pintades, par C. ARNOULD, professeur à l'Ecole d'agriculture de Rethel, 1911, 1 vol. in-18 de 340 p. avec figures, cartonné............... **4 fr.**

Le Livre de la Fermière. Économie domestique rurale, par Mme O. BUSSARD. Introduction par P. REGNARD, directeur de l'Institut national agronomique. 1906, 1 vol. in-18 de 534 pages, avec 206 figures (*Encyclopédie agricole*). Broché, 5 fr.; cart.... **6 fr.**

Économie ménagère agricole, par A. DUCLOUX, professeur départemental d'agriculture à Lille. 1908, 1 vol. in-18 de 532 pages, avec 182 figures. Broché, 5 fr. ; cartonné..................... **6 fr.**

14088-11. — CORBEIL. Imprimerie CRÉTÉ.

C. ARNOULD

PROFESSEUR A L'ÉCOLE D'AGRICULTURE DE RETHEL

LE RUCHER

MANUEL PRATIQUE

D'APICULTURE

Avec 131 figures d'après les photographies de l'auteur

PARIS

LIBRAIRIE J.-B. BAILLIÈRE ET FILS

19, rue Hautefeuille, près du Boulevard Saint-Germain

1912

PRÉFACE

Nombreux sont les traités d'apiculture actuellement existants, et il semblerait, au premier abord, que tout a été dit sur l'abeille et son intéressante industrie.

Sans doute, les auteurs apicoles qui nous ont précédé se sont livrés à d'actives et laborieuses recherches pour découvrir le voile jeté sur les mystères de la ruche ; grâce à eux, nous connaissons aujourd'hui ce que l'insecte nous cachait avec un soin jaloux : sa physiologie, sa vie, ses mœurs. En même temps, nous avons pu prendre connaissance d'une foule de théories se rapportant à la capacité du nid à couvain, la divisibilité et la forme de ce dernier, le renouvellement artificiel des mères, etc. Parfois, cependant, nous sommes resté perplexe en présence d'affirmations contradictoires, concernant l'essaimage, l'hivernage, la claustration, et nous n'avons eu définitivement d'idées arrêtées sur le choix des meilleures ruches, et sur la manière de les conduire et de les peupler, qu'après les avoir expérimentées ou vu expérimenter dans notre entourage.

Nous pensons donc que, dans l'intérêt du praticien aussi bien que du novice, il y a encore une place pour un *traité d'apiculture pratique et productive*, dépourvu de toute doctrine hypothétique, lequel servirait de *vade-mecum* aux amateurs et professionnels qui voudraient éviter les tàtonnements coûteux, desquels on ne retire souvent aucun profit, pour se consacrer uniquement aux méthodes d'exploitation qui ont fait leurs preuves et qui sont d'un réel rapport.

Il ne faut pas oublier, en effet, qu'en faisant la part du côté pittoresque et récréatif de l'élevage des abeilles, l'apiculture doit être, avant tout, une source de profits et de recettes, et que les bénéfices réalisés en fin d'exercice sont, comme partout ailleurs, le meilleur encouragement et la plus grosse réclame que l'on puisse faire en faveur de l'abeille et de sa culture. Or, le plus sûr moyen d'obtenir des résultats rémunérateurs, c'est d'abord de réduire le plus possible les frais d'installation et d'exploitation, tout en cherchant à obtenir le summum de rendement.

D'autre part, on ne tire pas toujours un parti très avantageux du miel et de la cire que l'on récolte, parce qu'on n'en connaît pas bien les divers modes d'utilisation ; aussi, l'absence des débouchés occasionne-t-elle, dans certaines régions, ce que l'on est convenu d'appeler la « mévente des miels ».

Le présent volume a surtout pour objet la vulgarisation des bonnes méthodes apicoles, envisagées au point de vue productif et économique : la création des ruchers, la construction des ruches et du matériel, les travaux de l'apiculteur, les recettes du miel et de la cire sont rangés dans l'ordre logique, bien connu des praticiens, qui est celui de leur exécution. Pour les novices ne connaissant par leur répartition saisonnière, un index alphabétique, placé à la fin du livre, leur permettra de retrouver rapidement le chapitre qui les intéresse.

LE RUCHER

PREMIÈRE PARTIE

LES ABEILLES ET LA FLORE MELLIFÈRE

CHAPITRE PREMIER

L'ABEILLE DOMESTIQUE

Ce qu'il faut savoir de l'abeille. — La mère, l'ouvrière, le mâle.
— Métamorphoses des différentes abeilles. — Reproduction.
— Travaux intérieurs de la ruche. — Travaux extérieurs. —
Une colonie d'abeilles est une famille.

L'*abeille* est un insecte de l'ordre des *hyménoptères*,
répandu sur toute la surface du globe, sauf dans les
régions désertiques des sables et des glaces dépour-
vues de végétation. L'homme, qui a fait sa connaissance depuis les temps les plus reculés, en a toujours
retiré d'avantageux profits.

Comme on le sait, l'abeille, plus connue sous le
nom de *mouche à miel*, est un insecte vivant en
collectivité, et capable d'emmagasiner, pendant la

belle saison, les réserves de miel qui lui sont nécessaires pour subvenir à ses besoins pendant les longs mois de l'hiver ; maintes fois, son ingéniosité et les vertus qui lui sont propres ont eu le don d'attirer l'attention des naturalistes et d'inspirer plus d'un poète, à commencer par *Virgile*.

Dans une sphère plus modeste et moins idéaliste, l'abeille est devenue une source de revenus appréciables pour les habitants de nos campagnes qui savent en tirer parti.

La colonie. — Toute population d'abeilles, groupée en collectivité et habitant sous le même toit, est dénommée *ruchée* ou *colonie*, et chacune d'elles comprend, du moins dans la belle saison, trois espèces différentes d'individus : une *femelle fécondée* ou *mère*, injustement appelée *reine*, un nombre variable d'*ouvrières*, allant jusqu'à 100.000, qui ne sont autre chose que des femelles avortées, et enfin quelques centaines de *mâles* ou *faux bourdons*. Quand arrive la mauvaise saison, les mâles sont impitoyablement chassés et meurent ; ils reparaissent aux premiers beaux jours.

Les fonctions de ces divers sujets sont à peu près déterminées aujourd'hui. Ainsi, pendant toute la durée des fleurs, la mère unique pond des œufs sans relâche, pour assurer la reproduction de l'espèce ; les ouvrières exécutent la totalité des travaux d'aménagement, d'élevage et d'approvisionnement, et assurent ainsi l'avenir, la subsistance et la prospérité de la colonie ; quant aux mâles, ils ont pour fonction la fécondation des femelles, et ils collaborent à la production du degré calorifique nécessaire à l'éclosion des œufs et à l'élevage des larves.

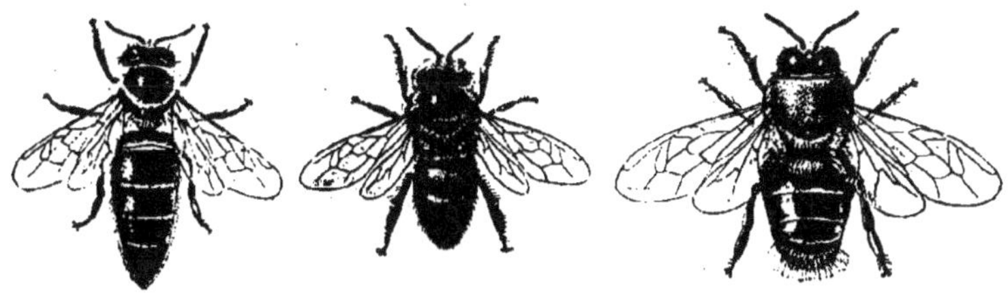

Fig. 1. — Mère, ouvrière et mâle (grandeur naturelle).

Métamorphoses et vie des différentes abeilles. — On admet que les mères et les ouvrières, encore désignées sous le nom de *neutres*, sont engendrées par des œufs fécondés, tandis que les mâles proviennent d'œufs vierges, n'ayant pas subi le contact de la matière séminale. Cette particularité de la génération animale, de laquelle on n'a encore pu fournir que des explications hypothétiques, a reçu le nom de *parthénogenèse* (1).

Les œufs pondus par la femelle, et déposés par elle dans les cellules hexagonales de différentes dimensions, donnent naissance à des ouvrières ou à des mâles ; mais l'alimentation distribuée aux larves n'est pas tout à fait la même. Quant aux reines, elles voient le jour dans les alvéoles en forme de gland, et

(1) Voy. HOMMELL, Apiculture (*Encyclopédie agricole*).

1.

reçoivent une nourriture (bouillie royale) mieux digérée que celle qui est destinée à l'élevage des ouvrières.

Aussi la métamorphose de la femelle est-elle plus rapide que celle de ces dernières, puisqu'elle sort de son alvéole à partir du quinzième jour après la ponte de l'œuf, tandis que l'abeille ouvrière ne devient insecte parfait qu'au bout de vingt et un jours. Les mâles, eux, exigent trois jours d'incubation de plus que les ouvrières, et ils ne sortent de leur cellule que le vingt-quatrième jour.

Dédoublement des colonies, ou essaimage. — Lorsqu'une colonie devient populeuse, et que les fleurs sécrètent du nectar en abondance, les abeilles qui la peuplent éprouvent le besoin d'essaimer, en vue de la propagation de leur espèce.

A cet effet, par une belle journée, une partie des ouvrières, accompagnées de quelques mâles et de la mère, après s'être gorgées de miel, s'échappent bruyamment de la ruche ; elles tournoient un instant dans les airs, et, sur un signe de ralliement, elles vont se rassembler après une branche voisine et se grouper en pelote ovalaire, désignée sous le nom d'*essaim*, que l'apiculteur s'empresse de recueillir pour peupler une nouvelle ruche.

Généralement, quand le temps est au beau, cet essaim, dit *primaire*, est suivi, huit jours après, d'un *essaim secondaire*, après lequel peut encore se produire, au bout de quatre jours, un *essaim tertiaire* et d'autres essaims encore, tous pourvus de jeunes mères, non fécondées.

La fécondation de la femelle ne se fait guère que huit à dix jours après son éclosion, et toujours dans les airs, en dehors de la ruche ; un seul contact du mâle suffit pour assurer sa fécondation pendant toute la durée de son existence.

En ce qui concerne la vie des abeilles, il convient de savoir qu'une mère peut vivre de trois à cinq ans, et que les ouvrières passent l'hiver dans les ruches lorsqu'elles sont en demi-léthargie ; mais, pendant la période active des travaux, elles ne vivent guère plus de six semaines. Quant aux mâles, ils naissent pendant la belle saison et disparaissent vers la fin des *miellées*.

Distribution du travail à la ruche. — Une colonie d'abeilles représente un merveilleux ensemble d'organisation, dont on est parvenu en partie à déchiffrer les mystères ; on a reconnu que l'enchaînement des travaux et leur exécution se font avec un ordre parfait et une régularité méthodique déconcertante.

Les jeunes abeilles, au sortir de leurs berceaux, sont d'abord déléguées aux fonctions de *nourrices*, c'est-à-dire qu'elles préparent et distribuent aux larves la pâtée qu'elles ont préalablement digérée dans leur jabot. Cette pâtée, confectionnée avec du pollen, du miel et de l'eau, est régurgitée au fond des cellules, où se trouvent les jeunes larves nouvellement écloses, jusqu'à ce que ces dernières aient atteint un développement suffisan . Elles sont ensuite operculées et fermées par un tampon de cire.

De nourrices, les abeilles deviennent *magasinières*, et surveillent le nectar en voie de réduction ; puis, lorsqu'il a atteint un degré d'épaississement convenable, ce miel est rassemblé en masse compacte dans les gâteaux et operculé.

Une brigade de nettoyeuses, tout spécialement chargées de veiller sur l'état sanitaire des colonies, enlève les abeilles mortes, les cadavres de larves et tout ce qui pourrait être une cause d'infection à l'intérieur de la ruche.

Travaux d'extérieur. — Après un exercice de reconnaissance et d'entraînement sur le devant du trou de vol, en faisant le *soleil d'artifice*, les jeunes abeilles ne tardent pas à s'echapper à travers champs pour y récolter à leur tour, et successivement, de l'*eau*, du *pollen*, de la *propolis* ; puis, à mesure qu'elles avancent en âge, elles deviennent *butineuses* et s'occupent exclusivement de ramasser du nectar.

Suivant les besoins et les circonstances, un certain nombre d'ouvrières peuvent être détachées pour la *surveillance* générale de la ruche et le service de garde aux abords du trou de vol.

De toute évidence, pour suffire aux besoins de leur énergie locomotrice, les butineuses consomment beaucoup de mic. ce qui ne se fait pas sans occasionner une active sécrétion donnant naissance à des déchets graisseux, lesquels viennent suinter sous les anneaux de l'abdomen de l'insecte, sous forme de petites lamelles dé *cire*. C'est cette cire que les abeilles utilisent pour l'édification de leurs bâtisses ou gâteaux.

CHAPITRE II

LES BONNES RACES D'ABEILLES

L'étude des races d'abeilles n'a qu'un intérêt scientifique. — Pourquoi les abeilles étrangères semblent-elles supérieures aux nôtres. — L'abeille noire ou commune. — L'abeille italienne. — Les races d'Orient. — Les métisses.

Si nous voulions entreprendre l'étude de toutes les espèces mellifères qui récoltent du miel en produisant de la cire, en commençant par les *bourdons* (fig. 2), et en passant en revue les *mélipones*, les *trigones* et toutes les abeilles indigènes et exotiques de l'Ancien et du Nouveau Continent, un livre ne suffirait pas, et nous nous écarterions du but que nous nous sommes proposé.

En ce qui concerne les bonnes races d'abeilles à cultiver, une foule d'opinions divergentes ont été émises, mais notre rôle n'est pas de venir réfuter ici les polémiques soulevées par les revues apicoles.

Nous dirons simplement que les abeilles étrangères, pas plus l'*italienne* que la *chypriote*, ni la *carniolienne*, ne nous paraissent être supérieures à notre *abeille commune* ou *allemande* (apis mellifica), et que, s'il a paru en être autrement à un certain nombre d'exportateurs, c'est que les reines de remplacement sont des jeunes mères que l'on substitue aux vieilles et qui donnent, cela se comprend, de meilleurs résultats. Mais cette observation superficielle, avan-

Fig. 2. — Bourdon terrestre et son nid en partie découvert.

tageuse pour les races exotiques, disparaît avec le temps.

Leur introduction devient, le plus souvent, une cause d'ennuis pour le propriétaire, et il convient d'être prudent et réservé sur ce sujet.

Abeille noire (*apis mellifica*). — Elle est originaire, dit-on, de l'Allemagne ; mais on la trouve dans toute l'Europe septentrionale, à l'état de pureté. C'est une abeille vive, pétulante, merveilleusement rustique et acclimatée dans nos régions froides. De couleur entièrement noire, elle sort de sa ruche à la température de 12 à 13 degrés, et elle va butiner entre les ondées avec un courage inlassable.

Elle convient donc bien pour notre climat brumeux et pluvieux ; de plus, elle abandonne rapidement les cadres qu'elle occupe, et obéit à la fumée, ce qui est un avantage lors de la récolte.

Abeille italienne (*apis ligustica*). — D'après certains auteurs, elle proviendrait de l'*apis fasciata*, ou abeille égyptienne. Son habitat de prédilection se trouve au sud de l'Europe méridionale ; elle a été aussi importée en Amérique, et un peu partout en France.

Cette abeille est facilement reconnaissable à la couleur de son abdomen, traversé de bandes d'un beau jaune qui s'étendent sur les six segments, mais surtout sur les deux premiers, en décroissant vers les autres.

La taille de l'*apis ligustica* paraît être sensiblement supérieure à celle de l'*apis mellifica*, et sa langue un peu plus longue ; mais il nous a toujours semblé que l'on avait exagéré les différences.

L'abeille italienne pure est une travailleuse infatigable et elle est d'une douceur évangélique, ce qui la rend facile à manipuler ; on lui reproche cependant d'être plus pillarde que les autres.

Races d'Orient (*chypriotes et carnioliennes*). —

Ces abeilles ressemblent un peu : la première à l'italienne, la deuxième à l'apis mellifica, au point de vue de la couleur. L'une et l'autre ont le grave défaut de ne pas être acclimatées dans nos régions ; de plus, elles sont très portées à l'essaimage.

Elles ont cependant l'avantage de récolter très peu de propolis, ce qui les rend surtout précieuses pour la production du miel en sections.

Métisses. — Elles sont la bête noire de l'apiculteur, et la conséquence inévitable de l'importation des abeilles étrangères dans nos pays.

Ce sont les métisses italo-communes qui prédominent. Ces abeilles, provenant du croisement de l'italienne avec la race du pays, sont plus ou moins mêlées, mais leur caractère général est d'être d'un abord peu facile. Celles qui sont issues du croisement d'une mère italienne avec un faux bourdon de race commune se font tout particulièrement remarquer par leur méchanceté et leur caractère acariâtre qui les rend difficiles à manipuler.

Pour cette seule raison, nous pensons que les apiculteurs ont intérêt à se contenter de leur abeille indigène, qu'ils peuvent d'ailleurs améliorer par voie de sélection, sans perdre leur temps à faire venir des races exotiques d'importation quelconque, qui leur occasionnent souvent plus de déboires que de profits.

CHAPITRE III

LES BONNES PLANTES MELLIFÈRES

Avant de créer un rucher, on doit se documenter sur la richesse
mellifère de la flore. — Marche à suivre pour obtenir des renseignements approchés. — L'examen des plantes : plantes
fourragères artificielles ; plantes fourragères naturelles et
spontanées. — Arbres mellifères et arbustes. — Autres sources
de nectar.

La richesse mellifère de la flore (1) est certainement
le facteur qui influe le plus sur la prospérité des
ruchers et l'importance des rendements en miel.
C'est donc par l'examen des plantes et par le contrôle
de ruches placées en expérience que l'on peut en
inférer si une région est favorable à la culture des
abeilles, ou si elle ne l'est pas. On en déduit alors le
genre de culture qu'il convient d'adopter.

Mais la valeur nectarifère des plantes n'est pas
constante ; elle varie suivant la nature du sol, la
latitude, l'altitude du lieu, l'heure de la journée, le
climat, et surtout le degré hygrométrique de l'atmo-

(1) Voy. BONNIER, *Les plantes des champs et des bois.* Ce
volume contient deux chapitres sur les insectes mellifères et les
plantes.

sphère. Il arrive même que des végétaux, comme le *robinier* (faux acacia), réputés très mellifères dans certaines régions, sont à peu près délaissés par les abeilles dans d'autres.

D'une façon générale, tous les pays où l'on pratique les cultures industrielles, telles que la bette-rave, les pommes de terre, le tabac, etc., ainsi que les grandes plaines à blé, sont mauvaises pour les abeilles. Par contre, partout où l'on entretient un nombreux bétail, et où l'on produit beaucoup de fourrages artificiels, voire du foin de prairie, les butineuses ont d'abondantes provisions à leur disposition. Il convient d'ajouter à cela l'appoint fourni par les surfaces boisées, les cultures fruitières et arbustives, la végétation spontanée.

Fig. 3. — Abeille visitant les fleurs de bruyère commune.

Dans le cas de création de rucher, on doit se documenter en examinant attentivement la flore, dans un rayon de 3 kilomètres, qui représentent le trajet parcouru par les butineuses d'un apier central, pour voir quelle est l'importance relative des fleurs susceptibles d'être visitées par les abeilles.

Durant cette inspection, il n'est pas nécessaire d'arrêter bien longtemps son attention sur les plantes signalées par certains auteurs comme *mellifères* pour en supputer l'importance, car ces espèces sont souvent de très faible valeur, parfois même elles sont totalement négligées par les butineuses. Exception faite pour quelques fleurs ornementales, printanières et automnales, qui croissent avant les plantes véritablement nectarifères, les autres sont insignifiantes et n'influent presque pas sur la valeur des rendements en miel.

Il n'est donc pas besoin d'être sacré botaniste pour pouvoir juger *de visu* de la richesse mellifère d'une région; les campagnards qui l'habitent, pour peu qu'ils soient observateurs, sont aptes à fournir de précieux renseignements sur la question, et l'on peut toujours les consulter avec profit.

Mais le mieux, en l'occurrence, c'est encore de compléter l'examen de la flore, d'ailleurs assez trompeur, par le contrôle effectif, en plaçant une ruche sur bascule. Cette colonie d'abeilles, mise en expérience au début du printemps, et pesée tous les jours, fournit toutes les indications concernant la marche et l'importance des miellées. En comparant les chiffres des pesées avec les correspondants donnés par d'autres régions, et en prenant pour base le chiffre final, diminué du poids primitif, qui est celui des apports de l'année, on peut avoir une idée suffisamment exacte de la valeur d'une flore.

Néanmoins, il faut encore tenir compte, dans l'appréciation d'ensemble, du temps qu'il a fait, des pluies, sécheresses, bourrasques, etc., survenues en cours d'exercice, et qui ont pu avoir une influence défavorable sur la récolte du nectar et les rendements en miel.

Plantes fourragères artificielles. — Comme ce sont elles qui fournissent généralement le plus de nectar, il est juste que nous les passions en revue les premières, en les rangeant par ordre de mérite, suivant l'époque de leur floraison.

En premier lieu vient d'abord le *sainfoin* (fig. 4), qui est incontestablement la plante la plus mellifère de notre pays, celle qui fournit le meilleur miel, le plus blanc et le plus estimé après celui du *robinier*. C'est d'ailleurs le sainfoin qui donne au miel du Gâtinais sa réputation légendaire.

Fig. 4. — Sainfoin.

La floraison du sainfoin a lieu en juin, pour la première coupe, et en août pour la deuxième. Dans les localités où cette précieuse légumineuse forme la base des prairies artificielles, les miellées sont plus abondantes que partout ailleurs, et il n'est pas rare d'enregistrer, quand le temps est propice, des apports journaliers de 6 à 7 kilogrammes pour une même ruche placée sur bascule.

Le *trèfle blanc* (fig. 5) vient immédiatement après le sainfoin, tant au point de vue de la qualité du miel qu'il produit que de sa quantité. De plus il repousse très bien sous la dent et le pied des animaux et fleurit pendant une grande partie de l'année, à partir de juin.

Le *trèfle incarnat* donne une miellée précoce, en mai ; il peut donc rendre de réels services aux abeilles pendant la période d'élevage, et il procure aux colonies des populations très denses.

Fig. 5. — Trèfle blanc.

La *vesce cultivée* (fig. 6) est précieuse en ce sens que ses semis sont échelonnés, et qu'elle se trouve à la disposition des abeilles depuis le mois de mai, en mélange avec le seigle, jusqu'à l'arrière saison, avec l'orge et l'avoine utilisés comme fourrages verts.

Comme valeur mellifère, la vesce a pour caractéristique de sécréter à la fois du nectar par ses fleurs et les stipules ou bractées situées à l'embase de ses feuilles composées.

Parmi les légumineuses fourragères, signalons encore comme intéressantes, le *trèfle hybride* qui fleurit en juin et la *luzerne*, toujours plus mellifère à la deuxième coupe qu'à la première. Pendant le mois d'août elle est activement visitée par les abeilles; elle constitue un précieux appoint pour les réserves de fin de saison. Son miel, tout en étant moins blanc et moins fin que celui du sainfoin et des trèfles, est néanmoins d'assez bonne qualité.

Citons encore la *féverole*, et les *pois fourragers* qui offrent jusqu'en septembre des ressources appréciables à nos butineuses.

Quant au *trèfle rouge*, la grande profondeur de ses corolles ne le met pas à la portée de nos abeilles; sauf par les jours de très forte miellée, il ne faut pas compter sur cette légumineuse.

Plantes de grande culture. — Elles sont généralement peu mellifères, à l'exception de quelques-unes que nous allons signaler, en donnant en même temps l'époque de leur floraison.

Fig. 6.
Bourdons et Abeilles
sur la vesce cultivée.

Les *choux à graines*, avril-mai; le *colza* (fig. 7), mai-juin; la *navette*, mai-juin; la *cameline*, mai-juin; le *sarrasin*, août-septembre ; le *haricot*, mai-juin ;

l'*oignon à graines*, juin-juillet ; le *poireau à graines*, juin-juillet ; le *houblon*, août-septembre ; le *pissenlit*, avril-mai ; la *moutarde*, juin-septembre.

Toutes les crucifères donnent un miel assez blanc, riche en saccharose et à cristallisation rapide ; ce qui le déprécie ce

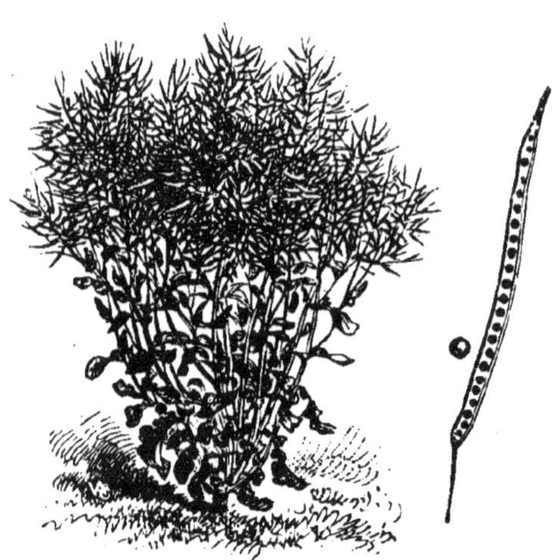

Fig. 7. — Colza.

sont ses cristaux, toujours à gros grains. Le sarrasin est assez riche en nectar, surtout dans les terrains d'origine granitique, mais son miel est brun et peu estimé, sauf pour la fabrication du pain d'épice.

Plantes fourragères naturelles et plantes spontanées. — Ce sont les plus nombreuses. Elles commencent à fleurir en

Fig. 8. — Fleurs de lotier visitées par des Andrènes.

mars et avril, comme la *primevère*, et le *tussilage*

pas-d'âne, et ne ferment leurs corolles qu'avec les premiers froids, avec la *ronce* et le *seneçon*.

Voici les principales, rangées par époques de floraison :

Daphné (joli-bois), *sauge sauvage, pervenche, lotier corniculé* (fig. 8), *romarin, mélilot, pulmonaire, centaurées jacée et blanche, pas-d'âne, giroflée,*

Fig. 9. — Abeilles récoltant du pollen sur une fleur de coquelicot.

primevère, chrysanthèmes, anémones sylvie et pulsatille, raiponce, coquelicot (fig. 9), *géraniums, verge d'or, lierre terrestre, ail, vipérine, ciboule, mauve, pissenlit* (fig. 10), *chardon, pimprenelle, liseron, séné, laiteron, lavande, campanule, menthe crépue, porcelle, serpolet, mélisse, cardère, véronique, réséda, seneçon, capucine,*

Fig. 10. — Andrènes et Polystes visitant les fleurs du pissenlit.

hélianthi, chicorée sauvage, clématite, marjolaine, bourrache.

Fig. 11. — Serpolet.

Les plus précieuses de ces plantes sont le séné, crucifère nuisible, encore appelée *sanve*, qui se trouve en abondance dans les terrains salis par les céréales, et où on ne pratique pas les déchaumages.

Le serpolet (fig. 11), petite plante aromatique qui croît dans tous les terrains vagues et sur le bord des chemins. Son nectar communique au miel un parfum qui en relève la saveur.

La bourrache, plante d'arrière-saison, à floraison continue.

Le mélilot (fig. 12), légumineuse un peu ligneuse, mais nectarifère, qui envahit parfois les avoines mal préparées. Ses fleurs jaunes sont très visitées par les abeilles; elles

Fig. 12. — Mélilot.

donnent parfois des miellées aussi abondantes que le

sainfoin; son miel est également de bonne qualité.

Le *réséda* (fig. 13), jolie petite plante ornementale à odeur subtile et extrêmement mellifère. Sur une seule touffe de réséda il nous a été donné de pouvoir compter plus de dix espèces d'insectes différents butinant sur ses nectaires.

Signalons encore, comme très estimés dans le midi de la France, le *romarin* et la *lavande*, qui communiquent aux miels des Alpes et de la Provence un parfum si agréable.

Certains miels de montagne, aromatisés par

Fig. 13. — Fleurs de réséda visitées par les Abeilles.

des miels provenant de plantes médicinales, comme l'*arnica*, la *digitale* (fig. 14), etc., sont recherchés par la pharmacopée pour la préparation de certains sirops et tisanes.

Arbres mellifères et arbustes. — En dehors

des quantités abondantes de nectar sécrété par certains végétaux ligneux, il ne faut pas oublier de faire entrer en ligne de compte le *pollen*, qui joue un rôle prépondérant dans l'élevage du couvain. Or, la plupart des arbres fruitiers et forestiers produisent à la fois du pollen et du miel et sont doublement utiles. Le *robinier faux-acacia* fournit un miel délicieux, comme goût et comme parfum, et il est très recherché pour la table ; enfin, le *tilleul* donne beaucoup de miel, un peu âpre il est vrai, mais excellent, par suite de ses propriétés médicinales, pour la préparation des tisanes.

Fig. 14. — Digitale pourprée visitée par les Bourdons et les Abeilles.

1° **Arbres forestiers** : le *robinier*, le *peuplier*, les *érables*, l'*orme*, le *frêne*, le *sapin*, les *pins*, le *marronnier*, le *tilleul*, les *tuyas*, le *mûrier*, le *bouleau*.

2° **Arbres fruitiers** : le *poirier*, le *pêcher*, le *pommier*, les *pruniers*, le *noisetier*, les *cerisiers*, le *cognassier*, l'*alisier*, l'*oranger*.

3° **Arbustes mellifères** : le *cornouiller*, le *saule marsault*, le *cytise*, le *troène*, l'*épine-vinette*, le *sorbier*, le *groseillier*, le *framboisier*, le *chèvrefeuille*, l'*aubépine*, la *viorne*, la *bruyère*, etc.

Remarque : Tous les conifères donnent un miel très brun, riche en glucose et en résines, recherché par la médecine pour les affections des bronches et des poumons. La *bruyère* (fig. 3) donne un miel qui ne granule jamais entièrement, et qu'on ne peut guère utiliser que pour la fabrication du pain d'épice.

Autres sources de nectar. — Outre le nectar fourni par les fleurs, il convient de signaler le miellat, exsudation liquide et sucrée qui vient perler sur le limbe des feuilles, pendant les journées chaudes et orageuses de l'été.

Ce miellat est parfois si abondant qu'il ruisselle comme une véritable rosée et vient mouiller le sol au-dessous des branches.

Fig. 15. — Récolte de la propolis sur des bourgeons de peuplier.

Les abeilles recueillent avidement ce liquide (fig. 16) et l'emmagasinent dans leur ruche comme du véritable nectar, duquel d'ailleurs il diffère très peu.

2.

Les abeilles récoltent aussi parfois les déjections
de certains pucerons, quand les fleurs manquent

Fig. 16. — Abeilles et Bourdons récoltant la miellée sur les
feuilles de Bouleau.

totalement, mais le produit recueilli a peu de
valeur car il contient en abondance des gommes
peu digestes.

DEUXIÈME PARTIE

LES RUCHES ET LES RUCHERS

CHAPITRE PREMIER

DIFFÉRENTS TYPES DE RUCHERS

Distinctions à faire. — Le choix d'un bon emplacement est un facteur qui influe sur la réussite. — Quel genre de ruche faut-il cultiver ? — Raisons qui militent en faveur de telle ou telle ruche.

On appelle *rucher* ou *apier* la réunion d'un certain nombre de *colonies d'abeilles*, réunies sur un terrain d'étendue variable, et appartenant généralement au même propriétaire.

Les apiers peuvent être constitués par des ruches de forme et de nature différentes, conduites de diverses manières.

On distingue : 1° Les *ruchers anciens*, dont la figure 17 nous donne une vue d'ensemble, composés de *ruches vulgaires* ou *fixes*, construites en clayonnage de viorne, d'osier, ou avec des saucissons de paille, enduites ou non de pisé, et abritées des intempéries par un appentis quelconque ou un capuchon en paille de seigle.

2° Les *ruchers modernes* (fig. 18), peuplés de ruches

Fig. 17. — Rucher composé de ruches vulgaires.

mobiles ou à cadres, dont il existe un nombre infini de modèles.

3° Les *ruchers mixtes* (fig. 19), contenant à la fois des ruches à cadres et des paniers.

Choix d'un emplacement. — Les apiers susmentionnés peuvent être établis dans un verger, un jardin, une prairie, un champ, une lande, sur la lisière

d'un bois ou en rase campagne, en plaine, en montagne, en flanc de coteau et même dans un parc, auquel
il communique le plus plaisant aspect (fig. 20), etc.,
et dans toutes les situations reconnues favorables à
la culture des abeilles, en ayant soin, toutefois, d'é-

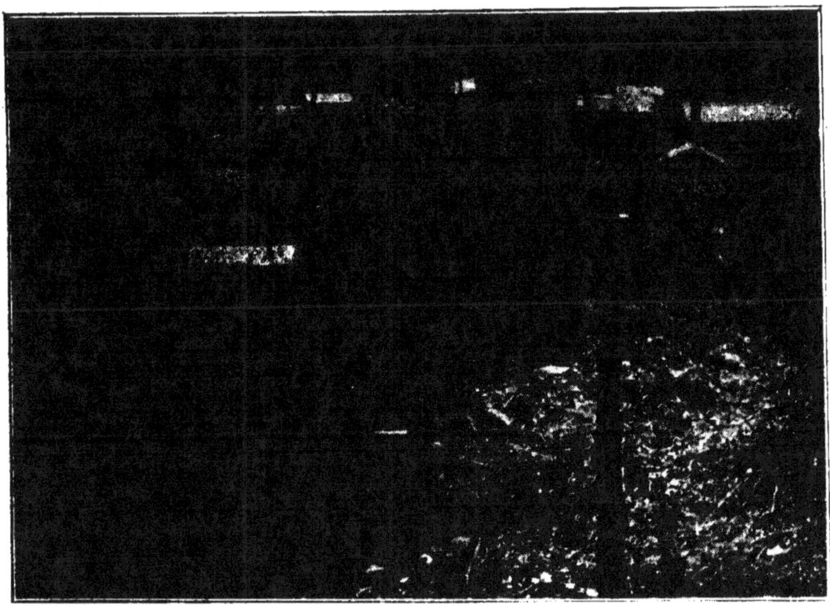

Fig. 18. — Rucher moderne.

viter les gorges et vallées froides, à courant d'air continu, ainsi que le voisinage des grandes nappes d'eau.

Distribution des ruches. — Que les ruches soient
réparties avec ordre et méthode, en lignes ou en
quinconce, ou distribuées au petit bonheur à de
grandes ou petites distances, l'apier est dit en *plein
air*, quand il n'est abrité ni renfermé dans aucune

sorte de construction. Lorsque, au contraire, les colonies sont remisées dans des logettes spéciales, qui leur servent d'abri en même temps qu'elles les protègent des regards indiscrets et des maraudeurs

Fig. 19. — Petit rucher composé de ruches à cadres.
Au deuxième plan, une pépinière de ruches vulgaires.

de tout acabit qui pullulent dans les campagnes, le rucher est dit *couvert*.

Disons de suite que les ruchers en plein air et les ruchers couverts donnent également de bons résultats lorsqu'ils sont bien conduits, et les uns et les autres, qui ont leurs partisans, peuvent avoir leur raison d'être dans certains cas.

Pour ce qui est des trois catégories d'apiers *ancien*, *moderne* et *mixte*, nous devons dire aussi que chacun d'eux peut avoir son utilité, mais que l'on doit s'efforcer de donner à chacun d'eux l'affectation qui lui convient.

Fig. 20. — Petit rucher dans un parc.

Quel genre de ruche faut-il adopter ? — Il est incontestable que la ruche à cadres mobiles est la véritable ruche de rapport, lorsqu'on veut se livrer à la production intensive du *miel coulé* ou en *sections*, tandis que l'antique panier reste, de l'avis unanime, la ruche la plus favorable et la plus commode, lorsqu'on veut se livrer à l'élevage des abeilles en vue de la production des essaims et des paniers peuplés, comme cela se pratique couramment dans certaines régions, notamment en Bourgogne. La figure 21 représente un rucher bourguignon spécialement exploité en vue de la production des essaims.

Fig. 21. — Un rucher en Bourgogne.

Mais la ruche à cadres, avec laquelle on peut extraire le miel sans pression et sans bris dans des rayons vierges de *couvain* et de *pollen*, fournit assurément un miel plus beau et de meilleure conservation que celui des paniers. Ces derniers ont cependant l'avantage de donner une quantité appréciable de *cire*, alors que les ruches à cadres, avec leurs bâtisses que l'on peut faire resservir indéfiniment, n'en donnent qu'une quantité minime.

Quant aux apiers mixtes, contenant les deux systèmes de ruches précités, il ne faut pas s'étonner de les voir répandus à profusion : cette association est parfaitement logique et elle est à sa place dans tous les ruchers en *voie de formation*, puisque la ruche moderne fournit le miel nécessaire à la création progressive d'une bonne clientèle, et les paniers les essaims nécessaires au peuplement des nouvelles colonies mobiles, ainsi que la cire pure indispensable au gaufrage des cadres.

CHAPITRE II

LES RUCHERS DE RAPPORT

Peut-on entretenir des abeilles dans toutes les situations ? — Bénéfices que l'on peut retirer de l'élevage des abeilles. — Rapport d'un rucher de 20 colonies. — Exploitation des abeilles en vue de la production du miel en sections et des essaims. — Considérations générales d'installation. — Comment débuter dans l'élevage des abeilles ?

L'apiculture est-elle lucrative ? — Au point de vue économique, nous pouvons affirmer que l'on peut toujours retirer de la culture des abeilles des résultats rémunérateurs, même dans les régions les moins privilégiées ; mais il faut savoir adapter sa méthode aux exigences de la localité que l'on habite, car ce qui est vrai pour une certaine région ne l'est souvent plus pour une autre.

Sans doute, l'apiculture est loin d'être aussi lucrative dans les pays pauvres et déshérités sous le rapport des fleurs, et à climat inclément, que dans les localités éminemment mellifères, comme celles où l'on cultive le *sainfoin*. Mais en choisissant un modèle de ruche approprié, en alimentant les abeilles comme il convient, en proportionnant le nombre des colonies à la richesse de la flore, en pratiquant les réunions, etc., on peut néanmoins obtenir une récolte en miel suffisante pour couvrir les frais généraux d'exploitation, tout en laissant encore au propriétaire un sensible bénéfice.

Fig. 22. — Petit rucher de 20 colonies.

Bénéfices de l'élevage des abeilles. — En France on rencontre couramment des apiers contenant quinze à vingt colonies d'abeilles qui rapportent, bon an mal an, à condition qu'ils soient bien dirigés, deux à trois cents francs de miel et de cire, estimés au prix du cours.

Ainsi, l'un de nos ruchers, représenté par la figure 22, ayant, depuis cinq ans, un effectif moyen de vingt colonies logées dans des ruches à cadres en pleine exploitation, nous a fourni une moyenne de 320 kilogrammes de miel qui, vendu à raison de 1 fr. 20 le kilogramme, représente un produit brut annuel de 384 francs, non compris les 3 ou 4 kilogrammes de belle cire d'opercules que nous ne sommes pas gêné de vendre 4 francs le kilogramme.

Ce petit rucher, sis dans les Ardennes, au centre d'une région assez mellifère, mais surchargée d'abeilles, et au voisinage d'une ville, gagnerait certainement à être transporté à 2 ou 3 kilomètres plus loin, en rase campagne.

Un autre rucher, de même importance, établi dans des conditions identiques, à proximité d'Auxerre (Yonne), et exploité de la même manière, mais manquant un peu de surveillance, nous donne un rapport sensiblement égal au premier.

Quoi qu'il en soit, avec nos deux modestes ruchers, d'un effectif global de quarante unités, créés sans grands frais, puisque nous avons construit nous-même nos ruches et une grande partie du matériel et les avons peuplées économiquement par essaims artificiels pris dans une pépinière de ruches vulgaires, nous nous sommes assuré un revenu fixe d'au moins 600 francs, défalcation faite des menues dépenses d'entretien et d'achat de sucre destiné au *nourris-sement* de printemps.

C'est là, on en conviendra, un résultat qui ne manque pas d'intérêt, et il peut être obtenu, voire même souvent dépassé, par les personnes de toutes conditions : cultivateurs, propriétaires, ouvriers ruraux, petits fonctionnaires, qui disposent de quelques loisirs et d'un tantinet d'initiative.

Nous avons des exemples de simples ouvriers journaliers qui sont parvenus à se monter un petit train de culture, et à acheter des terres avec le profit qu'ils retiraient de leur rucher, exploité habilement ; d'autres arrivent à vivre tranquillement avec les produits de leurs abeilles.

Même aux prix consentis par le commerce du gros et les fabricants de pain d'épice, lesquels ne dépassent guère 80 à 100 francs aux 100 kilogrammes, suivant qualité, l'élevage des abeilles, bien conduit, est toujours rémunérateur.

Nous pourrions multiplier nos citations, et présenter les bilans d'exploitation de certains de nos collègues en apiculture qui, très favorisés au double point de vue de la flore et de l'emplacement, arrivent à se faire une rente d'un millier de francs, nette, rien qu'avec une cinquantaine de ruches, réunies dans un même apier. Mais c'est là un rapport que l'on ne peut pas obtenir partout.

Les apiculteurs qui ont pour spécialité la production

du *miel en sections*, et qui ont su se créer des débouchés chez les restaurateurs et dans les maisons bourgeoises, obtiennent des résultats au moins aussi rémunérateurs que ceux provenant du *miel coulé*.

Quant à l'exploitation des ruches, en vue de la production des essaims et des paniers peuplés, pour l'exportation, au Gâtinais ou ailleurs, si l'on en excepte l'expédition et le transport, c'est peut-être celle qui occasionne le moins de travail et qui, somme toute, rapporte le plus.

Quoi qu'il en soit, l'apiculture est devenue aujourd'hui une branche agricole qui mérite mieux que d'être considérée comme un élevage de fantaisie : on doit la ranger au nombre des plus productives et en généraliser l'exploitation.

Création d'un rucher de rapport. — Aux amateurs et aux novices en apiculture, qu'un engouement exagéré et passager pousse à entreprendre en grand la culture des abeilles, sans avoir acquis au préalable l'assurance et les connaissances sans lesquelles les diverses manipulations sont difficiles, nous devons dire tout d'abord qu'ils risquent fort de subir des échecs et des déboires.

En principe, l'apiculture doit être pondérée, étudiée et mûrement réfléchie ; il ne faut pas voir simplement le beau côté de la chose, mais aussi les épines, et plutôt les aiguillons qui, parfois, refroidissent le zèle des plus convaincus, et de tous ceux qui opèrent sans méthode.

De toute évidence, le débutant doit faire son apprentissage et ses premières armes ; comme la pratique ne se trouve pas dans les livres, pour l'acquérir, on doit payer de sa personne.

Comment débuter dans l'élevage? — Certains débutants ont des dispositions professionnelles que d'autres n'ont pas, ce qui les fait réussir où d'autres échouent piteusement. Quoi qu'il en soit, il est toujours prudent de commencer, la première année, tout au plus avec une demi-douzaine de ruches, et de ne pas entreprendre, sans aide, l'exploitation d'un grand apier.

L'année suivante, lorsqu'on s'est aguerri avec les diverses manipulations, on peut augmenter le rucher de quelques unités, et progressivement, suivant les ressources dont on dispose et les aptitudes personnelles que l'on possède.

Il ne faut pas oublier non plus que tout apiculteur producteur doit posséder l'étoffe d'un commerçant, pour placer avantageusement le miel qu'il récolte et les autres produits dérivés.

En résumé, opérer avec ordre et méthode, sans précipitation ni engouement, avec un esprit observateur, telle est la marche à suivre pour réussir en apiculture.

CHAPITRE III

CHOIX D'UNE RUCHE

Digression sur les diverses ruches. — Quelle doit être la capacité d'une ruche ? — Agrandissement du nid à couvain. — Protection des ruches. — Les cadres doivent être interchangeables.

On entend souvent dire que la forme, les dimensions et le fini des ruches ne sont pour rien dans l'avenir et la prospérité des apiers, et que les aptitudes de l'apiculteur influent beaucoup plus sur les rendements que les modèles les plus perfectionnés. Cette assertion est, en effet, exacte, et nous avons pu, maintes fois, vérifier son exactitude ; cependant, il n'en est pas moins vrai que l'apiculteur mal outillé est exposé à toutes sortes d'ennuis et de pertes de temps, qu'il doit prévenir et éviter, en redoublant de surveillance et en mettant en application les ruses et les tours de main qui lui permettront de retirer de son rucher un produit passable. Avec un matériel convenable et approprié, la culture des abeilles est simplifiée, et, à travail égal, d'un meilleur rapport.

Pour la production du miel, quel genre de ruche

faut-il adopter? Évidemment la ruche à cadres, mais laquelle? il y en a tant de modèles... Est-ce la *Tonelli*, la *Layens*, la *Dadant*, la *Voirnot*, la *Langstroth*, la *Sagot*, la *Demi-double*, etc.? Vais-je la choisir à *double* ou à *simple paroi*, la munir de *claustrateurs*, l'enfermer ou non dans un *rucher couvert*?

, Contenter tout le monde sur ces multiples questions est impossible; pour éviter les discussions, nous dirons simplement : qu'importe la ruche, pourvu qu'elle soit volumineuse et agrandissable à volonté, avec ou sans planche de partition, *latéralement* comme la Layens, ou *verticalement* comme la Dadant, qui est une *ruche à hausses*.

Capacité des ruches. — En principe, la capacité du nid à couvain — c'est l'espace réservé à la ponte de la mère — ne doit pas être inférieure à 50 litres ; mais ces 50 litres représentent tout uniment l'espace minimum nécessaire à l'élevage du couvain, sans préjudice des alvéoles destinés au logement des miels, ni de ceux qui doivent servir d'évaporateurs pour la réduction du nectar, car il est indispensable qu'en temps de miellée, les abeilles puissent travailler à l'aise. D'ailleurs, lorsqu'elles sont gênées et que la ponte de la mère se trouve entravée par les apports de nectar, il faut craindre l'*essaimage*. Or tous les apiculteurs mobilistes savent que l'essaimage d'une ruche à cadres compromet toujours grandement la récolte du miel, quand elle ne la rend pas déficitaire,

3.

surtout lorsqu'il se produit à la suite des essaims secondaires et tertiaires qui dépeuplent la ruche et emportent les provisions.

Le meilleur moyen d'empêcher ces émigrations, ou tout au moins de les réduire, c'est de donner de la place aux abeilles au moment opportun, proportionnellement à la richesse de la flore que l'on exploite. L'agrandissement des ruches, au profit du magasin à miel, peut aller depuis 30 litres jusqu'à 100 litres et plus.

Agrandissement du nid à couvain. — Il ne suffit pas encore qu'une ruche puisse augmenter de capacité, il faut aussi qu'elle soit d'un maniement facile, que l'on puisse la visiter rapidement et en extraire le miel sans trop de fatigue. Cette condition ne peut être remplie qu'à la condition expresse d'avoir des cadres bien construits, bien ajustés, et surtout impropolisables; en outre, les planchettes de recouvrement ne doivent pas reposer directement sur la traverse supérieure des cadres, mais elles doivent laisser, entre elles et ces derniers, un espace libre de 8 à 10 millimètres, pour permettre la circulation des abeilles, et leur passage d'un cadre à l'autre, ce qui est d'une importance capitale pendant l'*hivernage*, pour favoriser l'approvisionnement latéral, sans craindre le refroidissement.

On aura soin également de ménager, dans les planchettes situées immédiatement au-dessus du nid à couvain, un trou circulaire, pouvant être fermé par une plaque tournante en métal, rendant possible le placement d'un nourrisseur, sans aucun dérangement pour les abeilles.

Voilà pour l'aménagement intérieur de la ruche.

Protection des ruches. — En ce qui concerne les cloisons, il faut les construire en matériaux épais, de préférence avec des planches en sapin du Nord, épaisses de 25 millimètres. Quant aux ruches à doubles parois, avec ou sans intervalle rempli d'une substance isolatrice, comme la sciure, ou d'une simple couche d'air, elles sont évidemment mieux protégées que les autres, mais elles sont d'un prix de revient assez élevé et d'une construction difficile, ce qui ne les rend pas économiques.

D'ailleurs, ce qui rend surtout les ruches chaudes et hygiéniques, ce ne sont pas tant les cloisons que la toiture, car les déperditions de chaleur se font en partie par le haut. En conséquence, il faut attacher un soin particulier à la construction de la toiture, et l'on doit pourvoir le dessus de chaque ruche d'un épais coussin, bourré de balles d'avoine ou de paille de bois. En outre, pour qu'il ne se produise pas d'infiltrations d'eau à l'intérieur des colonies, la couverture doit être bien étanche et saillante.

Évitez aussi de placer sur les cadres, comme on a l'habitude de le faire, des matériaux imperméables tels que toiles cirées, parce que la vapeur d'eau, provenant de la respiration des insectes et de l'évaporation du nectar, ne peut pas s'échapper, et l'humidité qui s'accumule dans les ruches est pernicieuse aux abeilles, surtout en hiver.

Mais il n'y a pas que le froid et l'humidité qui puissent incommoder les abeilles, l'excès de chaleur leur est aussi contraire. Il arrive même que, lorsque la température des ruches dépasse 36 degrés, les butineuses cessent de travailler ; elles sortent de la ruche pour flâner, et se suspendent en grappe en avant du plateau : on dit qu'elles font la *barbe*.

Pour obvier à cet inconvénient, si les colonies ne sont pas suffisamment abritées par des rideaux d'arbres ou des abris artificiels, vous devrez peindre les ruches en couleur claire, au lieu du noir et des teintes foncées qui absorbent beaucoup plus de chaleur.

Uniformité des cadres. — Enfin, toutes les ruches d'un même apier doivent être d'un même modèle, comme dimensions intérieures, afin que les cadres soient *interchangeables*, ce qui est très important lorsqu'il s'agit de répartir les provisions, à l'automne, ou de faire des emprunts de couvain en cours de saison. Lorsqu'il s'agit de ruches verticales, les hausses doivent pouvoir s'adapter indifféremment sur l'une ou l'autre des colonies, et se superposer.

CHAPITRE IV

EMPLACEMENT ET INSTALLATION
DU RUCHER

Principes d'installation. — Exposition des ruches. — Observer
les arrêtés pour les distances. — On doit éviter l'humidité. —
Distribution des colonies d'un apier. — Vulgarisation de la
ruche à cadres.

Principes d'installation. — On n'installe pas
toujours les apiers comme on le voudrait bien, pour la
raison que l'on ne dispose que rarement d'un emplacement convenable.

Le plus souvent, pour simplifier la surveillance et éviter les pertes de temps occasionnées par les transports,
on place le rucher dans le voisinage immédiat des
habitations, dans un coin du verger ou du jardin par
exemple. Ces dépendances conviennent généralement
bien, surtout lorsqu'on peut y abriter les ruches des
courants d'air froid qui soufflent si importunément du
nord, dans certaines régions, soit en les plaçant en
arrière d'une haie touffue, ou à quelque distance d'un
mur de clôture ou d'habitation.

A ce sujet, il faut toujours se méfier des vallées

étroites, et des gorges orientées du côté des vents dominants, parce qu'elles sont la cause d'une mortalité excessive d'abeilles, lors des premières sorties printanières.

L'ombre fournie par les grands végétaux, notamment par les arbres fruitiers, est des plus bienfaisantes, surtout en été, lorsque le soleil darde ses rayons de feu du côté du midi. On doit donc rechercher les rideaux d'arbres protecteurs, que l'on éclaircit et que l'on élague, afin qu'ils ne gênent pas le vol des *butineuses*.

Sur les terrains en pente, orientés au sud, et conséquemment très chauds, si la verdure naturelle fait défaut, il faut y remédier par des abris artificiels, faciles à édifier au moyen de couvertures légères en chaume, branchages ou genêts, supportées par des piquets, comme cela se pratique couramment dans les pays chauds. On peut également remiser les ruches sous des appentis ou des hangars en maçonnerie ou en planches.

On évitera l'excès de chaleur occasionné par le rayonnement des murs en éloignant les ruches de plusieurs mètres.

Exposition. — En ce qui concerne l'exposition, ou plutôt l'orientation à donner aux apiers, nous pensons que, dans la plupart des situations, du moins en France, il est toujours préférable de placer l'entrée des ruches du côté du *levant*, ou au *sud-est*, rapport

Fig. 23. — Vue d'un rucher et de son laboratoire (Hommell).

à la lumière qui rend les abeilles plus matinales, bien que cet avantage puisse devenir un inconvénient au printemps, si l'on n'a pas soin de masquer l'entrée du trou de vol au moyen d'une planchette ou d'un volet mobile. Quoi qu'il en soit, l'orientation **a très peu** d'influence sur la marche des colonies, et il ne faut y attacher qu'une importance secondaire.

Observation des arrêtés préfectoraux. — Ce qui, par-dessus tout, doit arrêter l'attention de l'apiculteur sur le choix d'un emplacement, c'est plutôt *la situation, considérée au point de vue du voisinage*, car il ne faut pas oublier que **tout** propriétaire est responsable des dégâts causés **par ses** abeilles, et qu'il y a une réglementation préfectorale au sujet des distances, à laquelle d'ailleurs on **doit** se conformer, si l'on veut éviter les litiges et les contestations avec voisins. Il convient donc de se renseigner sur ce point.

D'autre part, si l'on ne doit pas avoir une crainte exagérée de l'abeille, il ne faut pas avoir **une con**fiance illimitée en son pacifisme. En conséquence, on éloignera le plus possible l'apier des routes et des chemins fréquentés par les piétons et les voitures, car outre le désagrément des trépidations, toujours préjudiciables aux colonies, surtout quand le sol est gelé, il faut se rappeler que les abeilles, devenues irascibles à la suite d'une manipulation imprudente, ou pour toute autre cause, peuvent se jeter sur les personnes, et plus souvent encore sur les animaux en sueur, en provoquant des accidents regrettables.

On doit éviter l'humidité. — Un autre facteur à considérer, c'est la question d'humidité : les bas-

Fig. 24. — Rucher établi en flanc de coteau.
Un couloir de circulation se trouve en arrière.

fonds vaseux, marécageux et les mouillères, où les ruches sont plongées dans une atmosphère brumeuse, sursaturée de vapeur d'eau, ne conviennent pas ; il vaut mieux leur réserver des élévations moyennes, ou les placer, comme on le voit sur la figure 24, en flanc de coteau bien abrité.

Si l'emplacement choisi ne remplit pas les conditions requises, on devra y remédier, par exemple dans le cas de terrain nu, mal défendu, en construisant des abris et des clôtures en planches jointes ou en clayonnage, de façon à obliger les abeilles à s'élever au sortir de la ruche. On établira également des brise-vents, et on effectuera les plantations jugées nécessaires. Contre l'humidité, on assainira le terrain, et on placera les ruches sur des supports élevés.

Distribution des colonies. — Pour la répartition des colonies d'un apier, on s'inspirera du principe suivant : les ruches seront aussi espacées que possible, en ménageant un large couloir de circulation tout autour. Si l'emplacement ne permet pas ce mode de distribution, il est préférable de mettre les ruches sur la même ligne : les manipulations se faisant toujours par l'arrière, on risque moins d'être piqué. Le seul reproche que l'on puisse faire à ce mode de distribution, c'est d'occasionner des erreurs de la part des ouvrières, et, chose plus grave, de causer parfois la mort des jeunes mères qui, au retour du *vol nuptial*, viennent à se tromper de ruche.

Vulgarisation de la ruche à cadres. — Comme on le sait, il subsiste encore, à l'heure actuelle, deux systèmes de ruches : la *ruche mobile* et la *ruche fixe*; mais la première étant de beaucoup la plus intéressante, c'est par elle que nous allons commencer.

Dans tous les cas, quel que soit le modèle adopté,

il est nécessaire que les ruches à cadres, pour bien fonctionner, soient construites avec beaucoup de soins et de minutie. A ce sujet, tout en rendant hommage à nos bons constructeurs de matériel apicole, il convient de signaler que la plupart des apiculteurs débutants et des fixistes ne se décident à entreprendre la culture des abeilles par le mobilisme, qu'autant qu'ils ont en mains un procédé leur permettant de construire eux-mêmes, et à bon compte, les ruches dont ils ont besoin pour l'exploitation de leur rucher.

C'est donc dans un but de vulgarisation que nous allons indiquer la marche à suivre et les meilleurs procédés de fabrication, susceptibles de rendre service aux apiculteurs amateurs et novices, pour la construction économique de leurs ruches à cadres.

TROISIÈME PARTIE

CONSTRUCTION DES RUCHES ET DU MATÉRIEL D'APICULTURE

CHAPITRE PREMIER

RUCHE VERTICALE DADANT

Description de la ruche. — Matériaux employés pour la construire. — Corps de ruche. — Sa hausse. — Le toit. — Les cadres. — Planchettes de recouvrement et divers. — Devis.

La ruche Dadant est l'une des plus communes. Elle se compose (fig. 25) : 1° d'un *plateau mobile*, supporté ou non par des pieds ; 2° d'un *corps de ruche*, contenant 11 *cadre*s ; 3° d'une ou plusieurs *hausses* pouvant recevoir 10 cadres chacune ; 4° d'une *toiture*.

Matériaux pour la construction de la ruche. — Vous pouvez employer, pour construire cette ruche, du bois de différente origine, de la planche ou

du parquet rainé, à condition qu'il ne soit pas en-
dommagé, et qu'il ait au moins 2 centimètres

Fig. 25. — Ruche Dadant modifiée, pourvue d'une hausse.

d'épaisseur. Avec de la volige ordinaire, il faut faire
des doubles cloisons.

Si vous n'avez pas de bois convenable, rendez-vous
chez un marchand et achetez : 1º du *parquet rainé*,
en sapin du Nord, de 105 millimètres de large ; 2º du

madrier refendu, connu sous le nom de 6 traits ;
3º de la *planche ordinaire*.

Pour une seule ruche, il faut : 1ᵐq20 de parquet,

Fig. 26. — Plateau mobile vu de dessous.

7ᵐ,20 linéaires de volige, et 3ᵐ,50 de longueur de
planche.

Construction du plateau. — Débitez dans le
parquet 6 longueurs de 480 millimètres, en ayant
soin d'avoir le moins de chutes possible et de faire

des coupes bien d'équerre. Assemblez ces frises
ensemble, puis, pour les maintenir, clouez en dessous

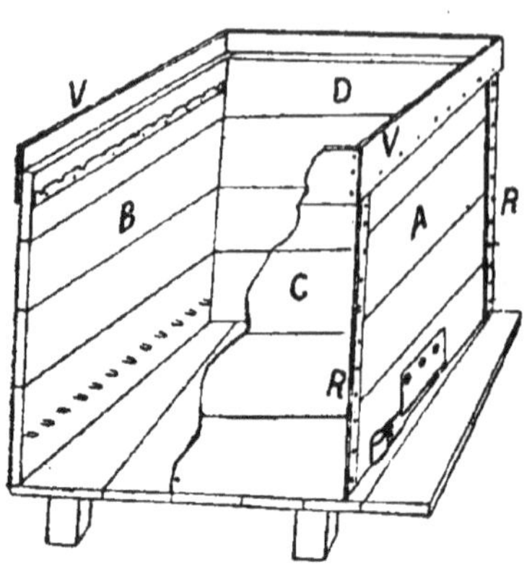

Fig. 27. — Corps de ruche.

2 petits liteaux, et sur
les côtés deux autres
petits liteaux (figure
26). Terminez en adap-
tant au plateau 4 pieds
quelconques, longs de
15 à 20 centimètres et
simplement fixés par des
vis. La figure ci-contre
nous montre un plateau
vu de dessous et pourvu

d'une petite planchette de vol qui se fixe au moyen
de 2 clous à deux pointes.

Corps de ruche. — Il comprend 4 panneaux ou
faces obtenus par l'assemblage de 4 frises. Les
2 faces, A et B (fig. 27), ont 435 millimètres de long;
les 2 autres, C et D, 485 millimètres; chacun d'eux
doit avoir exactement 376 millimètres de hauteur.
L'assemblage terminé, la caisse est parfaitement carrée et mesure intérieurement 435 × 435 millimètres.

Les cadres sont supportés par 2 bandes de
tôle galvanisée, comme on en voit une sur la paroi B;
chacune d'elles porte 11 encoches espacées de 38 millimètres d'axe en axe, les deux extrêmes devant
se trouver à égale distance des parois C et D. La

ligne des encoches doit se trouver exactement, sur les faces A et B, à 24 millimètres de leur tranche supérieure.

On trouve des bandes de tôle toutes préparées dans les maisons de commerce, mais on peut aussi les préparer soi-même. La pose se fait sur des baguettes de bois dont vous réduisez l'épaisseur à 6 millimètres, et que vous clouez, au moyen de pointes courtes, sur les parois. Ayez soin de ménager un espace libre, derrière les encoches, pour le passage des pointes, supports des cadres, qui viennent reposer dans chacune d'elles.

L'emplacement des cadres étant ainsi délimité du haut, pour maintenir le bas à leur écartement, vous enfoncez dans le bois des conduits ou clous recourbés, à deux têtes, que l'on trouve chez tous les quincailliers, et qui laissent entre eux un intervalle de 25 millimètres, c'est-à-dire l'espace suffisant pour laisser passer les cadres. Posez ces conduits en vous servant d'une bande de tôle pour déterminer l'emplacement de chacun d'eux, de façon qu'ils se trouvent à cheval sur le trait de crayon déterminé par le milieu de deux encoches successives.

Au milieu de la face A, et en sa partie inférieure, ouvrez, par deux traits de scie et un coup de ciseau, un *trou de vol*, long de 15 centimètres et haut de 8 millimètres, que vous munissez d'une armature en tôle qui empêche les dégradations des rongeurs, et qui sert de coulisse à la porte mobile.

Quant aux voliges du pourtour, V V, prenez-les dans du madrier 6 traits, et clouez-les de manière qu'elles forment un rebord de 3 à 4 centimètres. Au lieu de clouer ces voliges après le corps de ruche, il est préférable de les mettre après la hausse. Il n'y a plus qu'à consolider la caisse en clouant sur ses angles des baguettes prises dans la volige.

Hausse. — La hausse (fig. 28) est également une caisse mobile qui a une hauteur moindre que le corps de ruche ; sa construction n'en diffère pas.

Pour la fabriquer, servez-vous de préférence de planche ordinaire, rabotée extérieurement, et de 25 millimètres d'épaisseur. Employez quatre longueurs auxquelles vous donnez : à deux d'entre elles 485 millimètres de long, aux deux autres 435 millimètres, chacune d'elles ayant 213 millimètres de hauteur.

L'assemblage, la pose des bandes galvanisées et celle des conduits se font comme précédemment ; cependant, comme les cadres des hausses doivent laisser plus d'espace entre eux que ceux du corps de ruche, vous ne placez que 10 encoches, au lieu de 11, ce qui fait que la distance d'axe en axe est portée à 42 millimètres au lieu de 38.

Toit. — Il se compose de deux pignons, reliés par des lames de parquet et par une panne faîtière (fig. 29).

Construisez les pignons avec des morceaux de planche de 435 millimètres de long et 230 millimètres de large que vous coupez obliquement et en pointe à partir des frises. Les lames longitudinales

Fig. 28. — Hausse entièrement terminée.

mesurent 485 millimètres de long, leur tranche supérieure étant biseautée au rabot, suivant l'inclinaison des pignons.

Le panne P a également une longueur de 485 millimètres ; elle repose sur chaque sommet des pignons dans des encoches ou mortaises ménagées à cet effet.

Chaque pignon est en outre pourvu de trois trous

Fig. 29. — Toiture vue de dessous.

d'aération que vous munissez intérieurement avec de la toile métallique fixée par des clous de tapissier.

Recouvrez ensuite avec de la volige posée jointive :

3 longueurs de 65 centimètres suffisent, et fournissent à la ruche les saillies ou auvents suffisants pour la garantir de la pluie. Enfin cette toiture est rendue

Fig. 30. — Cadres de ruche Dadant impropolisables.
Le cadre du corps de ruche est bâti.

étanche par une couverture en carton bitumé, en zinc ou en tôle galvanisée.

Cadres. — Il y en a de deux sortes : ceux du corps de ruche et ceux de la hausse. Les uns et les autres

4.

se composent de deux *montants*, longs de 345 millimètres, d'une *traverse supérieure* posée à plat, plus forte et plus solide que les montants, et qui est destinée à supporter le poids du cadre, enfin d'une *traverse inférieure* posée de champ. Ces traverses mesurent 400 millimètres de long ; mais, tandis que l'inférieure est prise dans la volige de 8 millimètres d'épaisseur, comme les montants, la supérieure doit avoir 12 à 15 millimètres, et on la débite dans la planche ordinaire.

Les cadres de la hausse, construits de la même manière que les précédents, n'en diffèrent que parce qu'ils ont des montants plus courts. Ces pièces constituantes sont assemblées par des pointes fines, de 37 millimètres de long, et, à chacune de leurs extrémités supérieures, on enfonce des pointes solides de 60 millimètres de long, que l'on laisse saillir de 15 millimètres, afin qu'elles puissent s'appuyer par leurs extrémités dans les encoches des bandes de tôle. L'examen de la figure 30 complète nos indications.

Planchettes de recouvrement. — Les planchettes sont découpées dans la volige, par largeurs de 12 à 15 centimètres et longueurs de 44, afin qu'elles puissent reposer sur la tranche supérieure du corps de ruche, en laissant entre elles et les cadres 8 millimètres d'intervalle. On ménage dans l'une d'elles une ouverture circulaire permettant l'introduction du goulot du nourrisseur.

Ces planchettes sont recouvertes d'un coussin fait d'un cadre rectangulaire tendu de toile, et rempli de balles d'avoine. Le coussin peut être remplacé par un paillasson de paille de seigle ou une couche de vieux journaux.

Enfin, pour prolonger la durée du bois, on recouvre les ruches extérieurement de deux couches de peinture à l'huile et à la céruse teintée en « petit gris ».

Devis. — Une seule ruche exige :

3^m,50 de planche ordinaire à 0 fr. 40 le mètre linéaire......................	1 fr. 40
7^m,20 de volige 6 traits à 0 fr. 25 le mètre linéaire......................	1 fr. 80
1^{mq},30 de parquet rainé à 2 fr. 40 le mètre carré......................	2 fr. 88
Pointes, conduits et vis.................	0 fr. 50
Bandes galvanisées.....................	0 fr. 50
Peinture 750 gr. à 1 fr. 50 le kilo.......	1 fr. 125
Carton bitumé......................	0 fr. 30
Toile pour coussin ou paille de seigle....	0 fr. 25
Total........	8 fr. 755

Ainsi donc, pour 8 fr. 75, main-d'œuvre non comprise, en suivant ponctuellement les indications données dans le présent chapitre, toute personne disposant de quelques loisirs peut se construire une ruche à cadres, très pratique, qui lui donnera satisfaction dans toutes les situations.

CHAPITRE II

RUCHE HORIZONTALE

La ruche horizontale diffère de la précédente en ce sens que les cadres, au lieu d'être superposés verticalement dans des magasins ou hausses, se trouvent placés latéralement, sur un seul rang, d'où son nom de *ruche horizontale*.

Cette ruche est incontestablement la plus simple de toutes, et la plus facile à conduire ; c'est elle qui convient le mieux aux ruchers isolés, manquant de surveillance, ainsi qu'aux apiculteurs ne pouvant consacrer que très peu de temps à leurs abeilles.

En lui conservant les mêmes dimensions que de Layens avait adoptées, on sera en possession d'une ruche très répandue, non seulement en France mais aussi à l'étranger, et qui est très appréciée de ceux qui en sont possesseurs. La figure 31 nous montre un apier de ruches horizontales.

La ruche horizontale modifiée et pourvue des

Fig. 31. — Rucher de ruches horizontales (Hommell).

derniers perfectionnements est irréprochable au point de vue de la simplicité de son fonctionnement. Elle se compose : 1° De *vingt cadres* ; 2° D'un *plateau* ; 3° D'un *corps de ruche* ; 4° D'une *toiture* ; 5° De *planchettes de recouvrement* et d'un *coussin*.

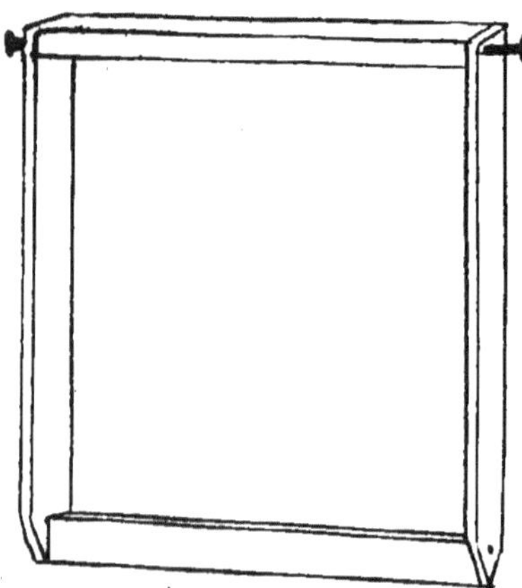

Fig. 32. — Cadre assemblé.

Cadres (fig. 32). — Pour les construire, nous employons des voliges de madrier 6 traits, épaisses de 8 millimètres, que nous débitons, au moyen de la scie à refendre, en baguettes de 25 millimètres de largeur. Pour la traverse supérieure, nous employons de la planche ordinaire, épaisse de 25 millimètres, et trusquinée à 2 centimètres.

L'assemblage des morceaux se fait comme pour le cadre Dadant, c'est-à-dire que l'on cloue, au moyen de pointes fines, les deux montants longitudinaux sur la traverse supérieure, posée à plat, et la traverse inférieure, mise de champ.

A chaque extrémité du cadre, tout en haut, on enfonce deux fortes pointes destinées à servir de support ; ces pointes doivent saillir de 15 millimètres.

Pour fabriquer un cadre, il faut : 2 montants de 410 millimètres de long et une traverse inférieure de 310 millimètres, avec une épaisseur de 8 millimètres,

Fig. 33. — Plateau de la ruche horizontale.

puis une traverse supérieure de 310 millimètres, de long également, mais 20 millimètres d'épaisseur. Les petites baguettes peuvent être prises dans des lattes de plâtrier

Plateau. — Vous l'établissez avec 5 lames de

parquet de 0^m,85 de longueur, emboîtées l'une dans l'autre, et maintenues du dessous au moyen de deux liteaux, comme on le voit sur la figure 33.

Corps de ruche. — Un examen attentif de la figure 34, représentant un corps de ruche entièrement terminé, posé sur son plateau, et portant en outre des cadres et des planchettes, nous montre qu'il ressemble à une caisse parallélipipédique, plus longue que large, formée par l'assemblage de quatre panneaux fixés par des pointes.

Pour les parois longitudinales, les frises de parquet — il en faut 6 — sont placées de champ, tandis que pour les côtés transversaux elles sont mises en bout et dressées.

Pour préparer les deux faces transversales, prenez quatre lames de parquet de 42 centimètres de longueur, que vous emboîtez, et que vous fixez à chacune de leurs extrémités avec deux liteaux de cadres. Faites tomber à la scie à refendre un petit morceau du panneau de manière qu'il n'ait plus, lorsque ses arêtes seront dressées, que 345 millimètres de largeur.

Les cinq frises qui composent chacune des cloisons, avant et arrière de la ruche, doivent être sciées bien d'équerre, à 830 millimètres de longueur. Donnez-leur 415 millimètres de hauteur, et supprimez ce qui est en trop.

Cela fait, assemblez les quatre faces, en clouant les longitudinales sur les transversales — deux pointes à chaque frise suffisent. Pour rendre l'extérieur de la ruche plus propret, vous pouvez fixer sur la tranche nue, apparente, qui montre les coupes des frises, des liteaux identiques à ceux des cadres.

Fig. 34. — Corps de ruche entièrement terminé.

Tout en haut de la caisse, dépassant de 3 millimètres le niveau des deux frises supérieures se faisant face, clouez les bandes de tôle galvanisée, munies de vingt encoches, destinées à supporter les cadres, et dans lesquelles viendront s'engager les pointes dont nous avons parlé. Ces bandes se trouvent chez tous les commerçants d'articles apicoles ; l'écartement de deux encoches consécutives est toujours de 38 millimètres : on n'a pas à s'en inquiéter.

Enfin, faisant le pendant avec les bandes, enfoncez dans le bas de la ruche, à 10 ou 12 centimètres du plateau, des conduits ou clous à deux pointes qui se trouvent échelonnés également à 38 millimètres d'axe en axe, entre les verticales qui partent des encoches. La pose se fait en se servant des bandes comme gabarits. Ces conduits ont pour objet de maintenir le bas des cadres à leur écartement.

Quant aux trous de vol, comme on le voit sur la figure 34, il y en a deux ; chacun d'eux, ayant 15 à 20 centimètres de long et 8 millimètres de hauteur, permet l'entrée et la sortie des abeilles. Ils peuvent être fermés par une coulisse en fer étamé, qui se glisse derrière une armature clouée contre la paroi, tout en laissant l'entrée découverte.

Avec cette ruche, la ponte de la mère se trouve toujours localisée du côté de la porte ouverte ; les provisions s'emmagasinent à l'autre extrémité. Pour achever de fermer la ruche, tout en laissant le passage des têtes de cadres libres, vous fixez, sur la tranche supérieure des parois longitudinales, deux morceaux de bois, amincis intérieurement dans le sens de leur épaisseur, et qui affleurent le niveau des parois transversales.

Il n'y a plus qu'à clouer sur le pourtour du corps de

Fig. 35. — Toiture à auvents terminée.

ruche les quatre forts liteaux que l'on voit, et qui serviront à faire reposer le toit.

La ruche se recouvre de planchettes prises dans la volige, et larges de 10 à 12 centimètres. Elles laissent entre elles et le dessus des cadres un espace libre de

8 millimètres pour la circulation, sans crainte de propolisation.

Toit. — Ainsi qu'on le voit par la figure 35, il est formé de deux pignons, pourvus de trois trous d'aération grillagés, et réunis par deux traverses. En

Fig. 36. — Les deux modèles de toitures.

donnant 445 millimètres de long aux pignons et 835 millimètres aux traverses, le toit emboîte exactement le corps de ruche et empêche la pluie de passer.

Les deux pignons sont reliés par un liteau de $20^{mm} \times 40^{mm}$ qui sert de panne faîtière. Recouvrez avec de la volige et du carton bitumé.

Au lieu de faire une toiture à auvent, on peut plus simplement la rendre plate, ainsi que le montre la figure 36 qui comprend les deux systèmes. Dans ce cas, la couverture s'établira en tôle galvanisée, et non en carton ; sa durée en sera ainsi considérablement augmentée.

Pour protéger les abeilles du froid, on place sur les planchettes, soit un coussin rempli de balles d'avoine, soit un paillasson ou encore de vieux journaux.

Prix de revient de la ruche. — Pour construire une ruche, la dépense est à peu près la suivante :

Un mètre carré et demi de parquet à 2 fr. 40 le mètre...................	3 fr. 60
7ᵐ,70 linéaires de volige à 0 fr. 25........	1 fr. 925
2 mètres linéaires de planche à 0 fr. 40..	0 fr. 80
Pointes, crochets et vis.................	0 fr. 50
Deux bandes galvanisées...............	0 fr. 40
Carton bitumé.........................	0 fr. 40
Peinture à l'huile 750 gr. à 1 fr. 50 le kilog.	1 fr. 125
Total............	8 fr. 750

CHAPITRE III

RUCHE SAGOT MODIFIÉE

Critique de la ruche Sagot. — Description de la ruche. — Construction du corps de ruche. — Les cadres. — Le plateau. — La toiture.

La ruche Sagot, telle que la construisait l'auteur, est une ruche de faible capacité, du plus bel aspect.

Ainsi qu'on le voit par l'examen de la figure 37, la toiture en *c haume* qui la recouvre la protège, on ne peut mieux, du froid, de la chaleur et de l'humidité ; elle lui donne, en outre, un petit air rustique du meilleur effet.

La ruche Sagot est assez répandue ; elle donne même d'excellents résultats dans les régions où les miellées sont peu abondantes ; mais, dans les pays riches en sainfoin et en autres plantes mellifères, nous avons pu vérifier, maintes fois, que sa petitesse la rendait désagréable à conduire, d'abord à cause de sa tendance à essaimer, et ensuite parce qu'elle oblige l'apiculteur à faire des prélèvements de miel pendant la grande miellée, précisément au moment où les abeilles doivent jouir de la plus grande quiétude.

Dans de semblables situations, elle ne peut être recommandable qu'à la condition d'augmenter quelque peu ses dimensions, ou de se conformer aux indications fournies par Delépine, lequel n'a pas hésité à

Fig. 37. — Petit rucher de ruches Sagot.

agrandir la capacité du corps de ruche, qui n'était que de 36 litres, pour la porter à 43 litres. La hauteur des cadres ayant également augmenté, la ruche Sagot est devenue une bonne ruche de rapport, que l'on peut propager sans crainte.

Elle se compose :

1° *D'un corps de ruche*, mesurant intérieurement 0^m,45 de long, 0^m,375 de large et 0^m,315 de hauteur ;

2° De *douze cadres*, ayant, dans œuvre, 0^m,34 de long et 0^m,28 de haut ; leur superficie totale est de 228 décimètres carrés, les deux faces comprises ;

Fig. 38. — Ruche Sagot entièrement terminée.

3° D'un *plateau mobile*, muni d'une planchette à l'entrée, et ayant les mêmes dimensions superficielles que la ruche ;

4° D'un *grenier*, formé de neuf triangles, assemblés à angle droit, cubant ensemble 14 litres ;

5° D'une *toiture* en paille de seigle (Voir la vue d'ensemble fig. 38).

Construction du corps de ruche. — En employant la large planche en sapin du Nord, de 32 centimètres de large, la fabrication du corps de ruche (fig. 39) est extrêmement simple : il suffit de débiter dans la planche, après l'avoir rabotée sur une des faces et les tranches de façon à l'amener à n'avoir plus que $0^m,315$

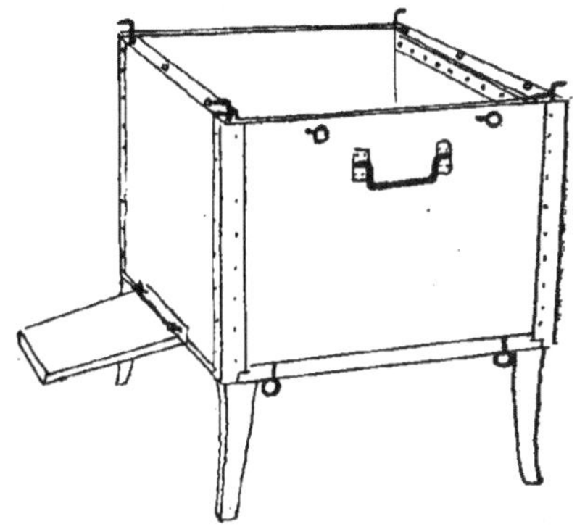

Fig. 39. — Corps de ruche.

de largeur, deux morceaux de 0^m50 de long, et deux autres de $0^m,375$; on les assemble en clouant les parois longitudinales sur les transversales.

On embellit la ruche en clouant, sur chaque angle, de petites feuilles de tôle galvanisée, repliées à angle droit.

Pour supporter les cadres, placez, ainsi que le recommande Delépine, de petites tringles de bois, minces de 5 millimètres, clouées sur chacune des parois avant et arrière, à 10 millimètres de leur tranche supérieure. Ces tringles serviront à supporter les cadres. Un trou de vol, de 10 à 12 centimètres de long et 7 millimètres de hauteur suffit.

Cadres. — Ils sont au nombre de douze, et ils n'ont rien de particulier. Ils se composent : d'une traverse supérieure et de deux montants, ayant

26 millimètres de large sur 10 millimètres d'épaisseur. La première mesure, en outre, 0^m,375 de longueur, les montants 0^m,295. Quant à la traverse inférieure, plus petite en section que les précédentes, 10 milli-

Fig. 40. — Corps de ruche muni de son grenier.

A droite, on aperçoit le capuchon renversé.

mètres au carré, elle n'a que 0^m,34 de long. Ces quatre pièces sont fixées à l'aide de pointes fines.

La distance qui sépare chaque cadre de son voisin est exactement de 10 millimètres. On observe cet écartement en plaçant, sur chacune des tranches minces des montants, des attaches en fer-blanc, en forme de V renversé, fixées, alternativement, en bas des montants, et du même côté.

Dans le haut, ce sont des barrettes qui font l'office de séparateurs : ce sont de petites baguettes de 10^{mm} × 10^{mm}, que l'on intercale entre chaque tête de cadre, et qui reposent également, par leurs extrémités, sur les mêmes tringles que les cadres. Les deux barrettes extrêmes ont 14 millimètres de largeur, au lieu de 10 millimètres.

Afin d'éviter la propolisation des têtes de cadres avec les barrettes, on dispose, de chaque côté du corps de ruche, comme on le voit sur les figures 39 et 40, deux petits pitons émoussés qui appuient sur la dernière barrette et serrent le tout ensemble.

Plateau. — Il mesure $0^m,50 \times 0^m,375$. On le fixe après le corps de ruche, au moyen de quatre pitons se vissant du dessous. Quatre pieds en fonte, fixés à chacun des angles, le surélèvent de 30 à 40 centimètres au-dessus du sol. Enfin, un *placet* ou planchette, fixé en avant et en dessous du trou de vol, sert de tablier de repos pour les abeilles qui rentrent à la ruche.

Grenier. — Il comprend 9 triangles de $0^m,05$ de large et $0^m,01$ d'épaisseur, assemblés à angle droit au sommet, et coupés en sifflet à la base. Ces triangles, non fermés du bas, reposent sur la tranche supérieure du corps de ruche (voir figure 40), avec un écartement de $0^m,375$; la longueur de ses côtés est aussi de $0^m,375$.

Le grenier est fermé, de chaque côté, par deux pignons pleins, découpés dans de la planche ordinaire, et maintenus par des tendeurs en gros fils de fer (deux sur chaque versant), qui viennent s'engager par leurs extrémités recourbées dans des entailles ménagées à cet effet dans les pignons.

Toiture. — La figure 38 montre la couverture placée dans sa position naturelle, et la figure 40 la fait voir renversée.

Elle se fabrique ainsi qu'il suit :

Préparez d'abord un faîtage, au moyen de deux planchettes de bois blanc, de 2 centimètres d'épaisseur, et 8 de large. Après les avoir bouvetées, assemblez-les en les emboîtant l'une dans l'autre, afin que la pluie ne puisse pas les pénétrer.

Tenant le faîtage renversé, disposez en éventail, de chaque côté, de la belle paille de seigle, d'au moins 1 mètre de long, pliée en deux. Maintenez cette paille par une attache en gros fil de fer traversant la planchette, et arrêtée à l'extérieur.

Sur chacun des versants, aux deux tiers de leur longueur, tressez le paillasson, avec du petit fil de fer, sur un deuxième fil de gros calibre qui se développe sur tout le pourtour.

Il ne reste plus qu'à tailler la paille, correctement, à l'aide d'un sécateur, et à jeter sur le capuchon un troisième fil de fer qui embrasse la paille et l'empêche de se soulever sous l'action du vent.

CHAPITRE IV

RUCHE MORET ET RUCHE TONELLI

Les progrès dans l'art de construire les ruches. — Heureuses
modifications. — La ruche Tonelli à nettoyage automatique.
— Description de la ruche.

Il en est de l'apiculture comme des autres sciences
en voie d'évolution : les progrès réalisés, depuis un
demi-siècle, dans l'art de cultiver les abeilles ne se
sont pas produits du jour au lendemain, et il a fallu
les efforts réunis d'une foule de chercheurs pour
arriver, après une longue suite de tâtonnements et
d'essais coûteux, à obtenir un résultat satisfaisant.

Ruche Moret. — M. Moret s'est attaché tout parti-
ment à perfectionner la ruche *Dadant-Blatt*, modèle
de $27^{mm} \times 42^{mm}$, et lui a apporté toute une suite de
modifications heureuses.

C'est ainsi que sa ruche, représentée par la figure 41,
possède, avec ses doubles parois, ses cadres impropolisables, son espace de circulation sur le dessus
des cadres, planchettes épaisses, trou nourrisseur,
matelas, etc., tous les accessoires de confort et de
simplicité qui caractérisent la ruche idéale.

La ruche Moret est en outre pourvue d'un plateau
mobile, pouvant être nettoyé sans aucun dérangement
pour les abeilles, en faisant tourner les taquets de
l'arrière. Le plateau, étant retenu par les charnières
de l'avant, prend une position oblique qui permet

Fig. 41. — Ruche Moret.

l'enlèvement des abeilles mortes et des débris d'opercules qui encombrent toujours le tablier vers la fin de
l'hiver.

A noter aussi que le plateau est pourvu d'un trou
d'aération grillagé que l'on peut fermer à volonté, au
moyen d'un volet, dispositif très facile pour la venti-

lation de la ruche pendant la récolte et lorsque l'on traverse de longues périodes d'humidité.

La ruche est portée par des pieds évasés qui lui

Fig. 42. — Vue extérieure de la ruche Tonelli.

assurent une grande stabilité ; elle peut recevoir une ou deux hausses qui se trouvent emprisonnées dans la cloison du couvercle mobile. Ce couvercle est d'ailleurs très pratique, en ce sens qu'il permet le placement de l'enfumoir, du lève-cadres, de la brosse et des différents outils dont on a toujours besoin dans le cours d'une opération ; en outre, la toiture masque l'opérateur et le garantit des *gardiennes* et des *fureteuses* dont on a souvent à se plaindre quand le temps est à l'orage.

Ruche Tonelli à nettoyage automatique. — Imaginée par l'apiculteur italien *Alessandro Tonelli*, de *Coccaglio* (Brescia), cette ruche obtiendra certainement beaucoup de succès.

L'une des particularités de cette ruche c'est sa forme ovalaire qui permet le groupement rationnel des abeilles durant l'hivernage, avec concentration de la chaleur.

Mais le plus grand perfectionnement apporté par Tonelli, et que l'on ne retrouve dans aucun autre système de ruche, c'est son *nettoyage automa tique*. Et cela n'est pas de peu d'importance.

Il arrive en effet que, pendant les temps froids, le plateau s'encombre d'abeilles mortes, de larves, de déchets de pollen et d'opercules qui se putréfient et arrivent parfois à boucher l'entrée du trou de vol, en entretenant une humidité pernicieuse à l'intérieur des colonies. Si l'on ajoute à cela la vapeur d'eau provenant de la respiration des ouvrières, et le manque d'air consécutif au défaut d'aération, on comprend que les abeilles soient incommodées parfois par la dysenterie, et que l'on constate de la moisissure dans les gâteaux.

Ainsi qu'on le voit par la coupe, figure 43, le corps

de ruche A est formé par deux pignons épais et à double paroi, formant pied B. Les côtés latéraux sont également à double paroi, avec couche d'air isolatrice et prennent la forme cintrée, la plus convenable, celle qui imite le mieux la forme naturelle du gâteau, favorable au développement des belles plaques de couvain.

Les cadres du corps de ruche sont formés d'une traverse supérieure impropolisable, et d'une partie ogivale en fer-blanc ondulé, qui jouit de la propriété de faire adhérer d'une manière plus complète les gâteaux de cire.

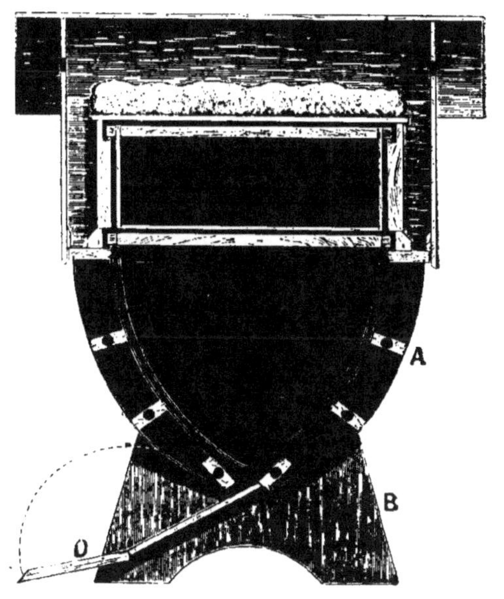

Fig. 43. — Coupe de la ruche Tonelli.

Le trou de vol se trouve à la partie inférieure du corps de ruche et s'étend sur toute sa largeur; on y accède par les planchettes inclinées, C et D, dont la deuxième D peut être relevée pendant les grandes tourmentes de l'hiver, afin que la neige ne s'introduise pas à l'intérieur, et au printemps, pour empêcher les abeilles de sortir avec les premiers perfides rayons du matin.

La ruche Tonelli, pour tout le reste, ne diffère pas sensiblement de la ruche Dadant-Blatt ; l'auteur a d'ailleurs adopté les dimensions de cette dernière pour les cadres des hausses. Elle serait parfaite si sa forme bombée ne la rendait pas d'une construction difficile, peu à la portée des amateurs en apiculture, et de toutes les personnes peu initiées au travail du bois. Pour obvier à cet inconvénient, plusieurs de nos correspondants nous ont suggéré l'idée de la construire en double sifflet allongé, avec des voliges formant un angle très obtus qui, paraîtrait-il, laisseraient couler également tous les déchets de la vie en vertu de leur pesanteur.

CHAPITRE V

RUCHERS COUVERTS

Divergences d'opinions sur l'opportunité des ruchers couverts. — **Leurs défauts et leurs avantages.** — Différents systèmes de ruchers couverts. — Les ruchers avec laboratoire.

Divergences d'opinions sur les ruchers couverts. — Doit-on et peut-on cultiver les abeilles dans des ruchers couverts, et ce mode d'exploitation est-il avantageux ? Telle est la question que se posent bon nombre d'apiculteurs.

Ne tenant pas à passer en revue ici les diverses polémiques qui encombrent les revues apicoles, nous dirons simplement qu'en France, nous restons quelque peu réfractaires au *rucher couvert*, tandis que les Allemands continuent à placer leurs ruches, genre *Berlepsch*, *Burki* et *Jerker*, etc., dans des logettes fermées, et qu'ils en obtiennent néanmoins de bons résultats.

Défauts et avantages. — Les adversaires du rucher couvert prétendent que les ruches enfermées sont d'une manipulation difficile, que les mères peuvent se tromper de porte au retour du vol nuptial, et que les colonies sous abris sont incommodées par un surcroît de chaleur. Les partisans contestent ces allégations, et disent que les ruchers en local clos permettent l'exploitation du rucher et l'extrac-

Fig. 44. — Un apier en montagne.

tion du miel par tous les temps, même quand il pleut, qu'on risque moins d'être piqué, que les colonies sont sous clef, à l'abri des maraudeurs et que ce mode de distribution est très pratique lorsqu'on ne dispose que d'une petite propriété.

Différents systèmes de ruchers couverts. — Il existe de nombreux modèles de ruchers couverts :

signalons d'abord la *construction rustique*, en maçonnerie, telle qu'on la rencontre communément dans les Vosges et dans la plupart des pays de mon-

Fig. 45. — Rucher couvert d'amateur.

tagnes. A proprement parler, ce rucher n'est pas autre chose qu'un abri, entièrement ouvert d'un côté, et dans lequel les paniers, le plus souvent en paille, sont rangés sur des étagères et protégés du vent, de la pluie, du soleil et de la neige.

L'orientation la meilleure pour ces ruchers abris est celle de l'est ; il faut éviter surtout l'exposition du midi qui incommode les abeilles et les pousse à essaimer. Ces constructions ont l'inconvénient de rendre les visites et les opérations apicoles diffi-

Fig. 46. — Rucher couvert pratique.

ciles, surtout lorsqu'il s'agit de pratiquer l'essaimage artificiel.

Quoi qu'il en soit, elles ont néanmoins leur raison d'être sous les climats froids et pluvieux. Pour faciliter l'inspection des ruches, on ménage, sur les pignons, deux portes se faisant face, avec un couloir de circulation entre le mur et les gradins. Enfin, ici comme ailleurs, on ne doit jamais superposer plus de trois rangées de paniers, l'expérience ayant démontré que les ruches les plus élevées sont toujours de plus faible rapport que les inférieures.

Les ruchers avec laboratoire. — A côté de ces constructions rustiques, il y a le _rucher laboratoire pratique_, comme celui que représente la figure 45, et le _rucher laboratoire d'amateur_, comme on le voit sur la figure 46. Ces ruchers spéciaux, que l'on peut construire de différentes manières, sont commodes et rendent de réels services ; on leur reproche seulement d'être d'un prix de revient assez élevé, notamment le dernier, appartenant à M. l'abbé _Coquet_, de _Contreuve_.

Leur forme, leur aménagement intérieur et leurs dimensions varient avec le goût, l'ingéniosité, le budget du propriétaire, l'espace qu'on peut leur réserver, etc.

CHAPITRE VI

CONSTRUCTION ÉCONOMIQUE D'UN RUCHER LABORATOIRE

Services rendus par le laboratoire. — Description d'ensemble.
— Choix et achat des matériaux. — Ossature et charpente.
— Cloisonnage. — Rez-de-chaussée. — Ruches du premier
étage. — Devis.

Services rendus par le laboratoire. — Le praticien connaît les ennuis que lui occasionne l'exploitation des ruchers isolés lorsqu'il ne dispose pas, à proximité, d'un local spécial, fermé, dans lequel il peut extraire tranquillement son miel et remiser ses outils. Mais, s'il admet l'opportunité des *laboratoires*, il en diffère presque toujours la construction, rapport à leur prix de revient assez élevé comparativement au capital primitif de création d'un apier.

Or, notre *rucher laboratoire* fait exception à la règle, il est commode, pratique, facile à construire, et essentiellement économique. D'ailleurs, on peut toujours adopter d'autres dimensions que celles du modèle que nous présentons, pour y loger un plus grand nombre de ruches ou d'autres systèmes, le principe d'installation restant le même.

Description d'ensemble. — Le rucher laboratoire,

Fig. 47. — Petit rucher laboratoire économique.

figure 47, se présente sous la forme extérieure d'une logette, pourvue d'une porte au-dessus de laquelle on établit une fenêtre à bascule, grillagée finement pour empêcher l'intrusion des abeilles dans le local.

Le Rucher.   6

Deux côtés seulement de la baraque sont garnis de ruches — on voit les entrées de l'extérieur — qui se trouvent superposées sur deux rangs : au rez-de-chaussée, huit *Dadant* ; au premier étage, quatre *Layens* ; ce qui fait un total de douze ruches à cadres, non pas indépendantes, comme on pourrait le croire, mais faisant corps avec la logette, et limitées par sa propre cloison. Ce mode d'agencement permet de réaliser une économie notable sur l'achat du bois.

Des huit ruches composant le rez-de-chaussée : cinq sont à *bâtisses chaudes*, c'est-à-dire ont leurs cadres parallèles à la direction du trou de vol ; les trois autres sont à *bâtisses froides*. Chacune d'elles est pourvue d'une hausse unique, et la manœuvre des cadres se fait horizontalement, comme celle de la plupart des ruches allemandes.

Un plafond rainé recouvre la première rangée de ruches et il sert en même temps de plancher à l'étage supérieur, lequel comprend les quatre horizontales de Layens, dont les cadres se manœuvrent verticalement, comme ceux des ruches isolées.

Avec sa toiture à auvents, recouverte de carton bitumé ou de tôle ondulée, notre rucher laboratoire ressemble assez à une élégante logette de jardinier.

Choix et achat des matériaux. — Nous pouvons construire notre rucher avec les matériaux que nous avons sous la main ; mais, si nous avons la préférence, nous n'hésitons pas à employer le sapin du Nord qui est le bois de prédilection des abeilles.

Nous achèterons donc :

1° 27 mètres linéaires de chevrons $6^{cm} \times 6^{cm}$;

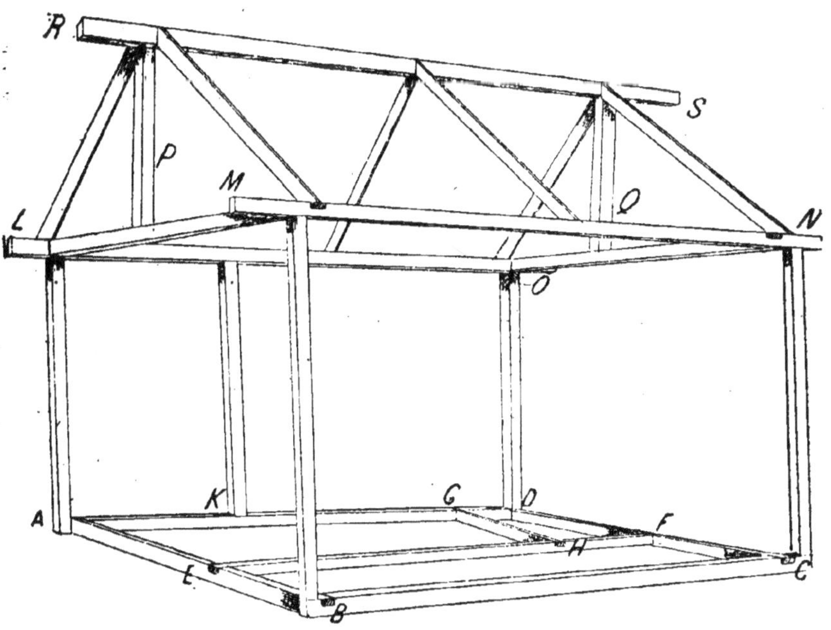

Fig. 48. — Ossature et charpente du rucher couvert.

2° 24 mètres carrés de parquet rainé, en lames de 3 à 7 mètres de longueur ;

3° Deux madriers 6 traits de $5^m,67$ de long, mesure courante ;

4° Trois à quatre planches ordinaires de 4 mètres.

Tous les marchands de bois peuvent nous fournir ces matériaux courants ; dès lors il suffit d'être en possession d'un rabot, d'un marteau, d'une scie ordinaire à refendre, pour que nous puissions établir notre logette, sans grande connaissance du travail du bois.

Ossature et charpente. — Ainsi qu'on le voit sur la figure 48, elles se composent d'une série de chevrons assemblés à *mi-bois* et à *tenons droits*, que l'on cheville, ou mieux que l'on munit de boulons à écrous, si l'on veut rendre la logette démontable.

Le cadre inférieur ABCD mesure : longueur totale, AD et BC, $2^m,445$; largeur, AB et DC, $1^m,85$; les chevrons EF et GH, assemblés à mi-bois avec les précédents, et destinés à supporter la première rangée de ruches, laissent entre BC et DC un espace de 35 centimètres. Ces deux traverses formant chevêtre ont respectivement : EF, $2^m,75$, et GH, $1^m,44$.

Aux quatre extrémités A, B, C, D et en K, à $0^m,92$ de A, on ouvre des mortaises dans lesquelles doivent s'engager les tenons des cinq montants de la logette; ces montants mesurent $1^m,75$ de longueur, tenons compris.

A la partie supérieure des montants, on assemble un deuxième cadre LMNO, qui fait le pendant à celui du bas. L'espacement des tenons et le mode d'assemblage ne diffèrent pas; mais, pour donner un point d'appui aux auvents, on fait saillir les pièces latérales MN et LO d'une vingtaine de centimètres.

La *ferme* est constituée par deux *poinçons* P et Q, joints au cadre supérieur et à la panne faîtière RS par des tenons droits. On peut se contenter de donner aux poinçons un mètre de hauteur. Le tout est appuyé par des *arbalétriers* formés de simples bouts de frises coupées à onglets et vissées sur les pièces maîtresses. Quand les voliges sont posées et clouées aux arbalétriers, la stabilité et la solidité de la toiture sont parfaites.

Il faut avoir soin, lors du montage, de placer le cadre inférieur bien horizontalement sur des briques, et de le surélever de 10 centimètres au-dessus du sol, tandis que les montants doivent observer la verticalité du fil à plomb dans les deux sens.

Cloisonnage. — En débitant les frises de parquet, il faut s'efforcer de ne pas faire de chutes inutiles ; pour cela, on calculera les longueurs nécessaires. Pour le revêtement des parois extérieures, les planchers des étages et les cloisons médianes des ruches, nous devons débiter les longueurs suivantes :

18	longueurs	de	$2^m,445$
41	—	—	$1^m,085$
18	—	—	$1^m,053$
10	—	—	$2^m,275$
5	—	—	$1^m,040$
5	—	—	$1^m,038$
46	—	—	$0^m,045$
8	—	—	$0^m,042$

Les frises sont clouées sur les montants, ou simplement vissées, si on veut obtenir une logette facilement démontable. Les rainures des lames de parquet étant engagées bien à fond des languettes.

Après avoir cloisonné les côtés latéraux, ainsi que

les pignons, puis recouvert la toiture, d'abord de sa volige, ensuite de son carton, on commence par planchéier en long les surfaces EBCF et GHFD (fig. 48), et l'on procède à l'aménagement des ruches.

Rez-de-chaussée. — L'ensemble est représenté par la figure 49, ainsi que la direction des cadres.

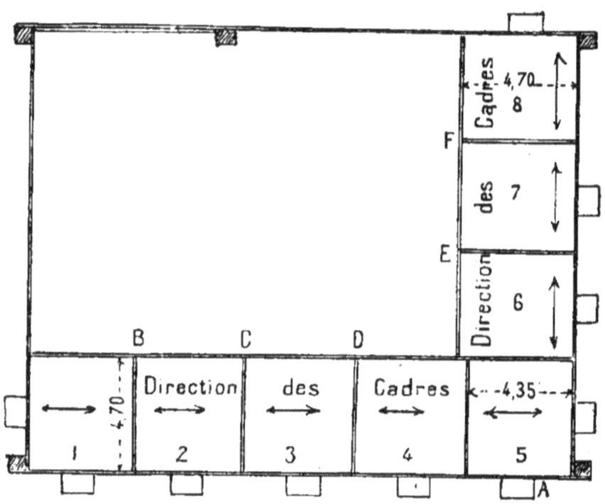

Fig. 49. — Plan du rez-de-chaussée.

Ces cadres, formés par des baguettes de 400 et 345 millimètres pour les corps de ruche, 400 et 195 millimètres pour les hausses, nécessitent une largeur de 435 millimètres et une longueur de 470 millimètres pour douze cadres, avec un écartement habituel de 38 millimètres d'axe en axe.

Toutes les ruches s'ouvrent à l'intérieur de la logette, excepté le numéro 5 qui a son entrée à l'extérieur, en A. Les tabliers que l'on aperçoit en avant des trous de vol sont formés par des planchettes demi-circulaires, fixées par des pointes ou des charnières, et protégées de la pluie par des auvents légers en volige, cloués sur des taquets obliques.

Les cadres du corps de ruche et ceux de la hausse sont supportés par des bandes de tôle galvanisée, fixées comme celles de la ruche Dadant, et également impropolisables.

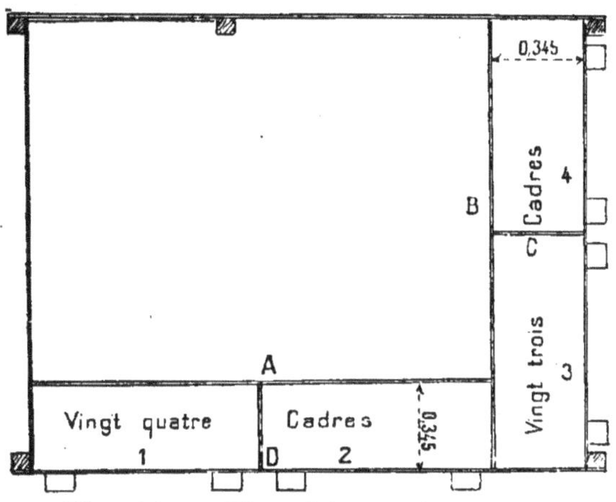

Fig. 50. — Plan du premier étage.

Toutes les cloisons B, C, D peuvent être consolidées, en arrière, par des équerres ou des traverses; elles sont fixées, du haut, au plancher du premier étage, et il n'y a plus qu'à munir chaque compartiment d'une portière de visite jouant sur des charnières. Ainsi conditionnées, les colonies d'abeilles sont parfaitement indépendantes les unes des autres.

Ruches du premier étage. — Comme on le voit par la figure 50, il se compose de quatre grandes ruches horizontales, pourvues de cadres Layens,

mesurant intérieurement 310 millimètres × 365 millimètres. Les ruches du côté A en contiennent chacune
24, celles de B 23. Les cloisons transversales C
et D, ainsi que la cloison longitudinale arrière sont
en lames de parquet, et entièrement pleines.

Les cadres, également supportés par des tôles
encochées, se manœuvrent comme ceux des ruches
de même modèle, et ils sont maintenus à leur écartement de la même manière par des conduits.

La toiture étant inutile, on se contente de recouvrir
les planchettes par un paillasson ou un coussin.

Devis. — En comprenant la porte, la peinture et
toutes les menues dépenses dont le détail suit, voici,
approximativement, le prix de revient de notre laboratoire :

24 mètres carrés de parquet à 2 fr. 40 le mètre carré	57 fr. 60
2 madriers 6 traits de 5ᵐ,70 à 1 fr. 80 le mètre courant	20 fr. 40
8 chevrons de 4ᵐ,67 à 0 fr. 30 le mètre linéaire	17 fr. 20
3 planches de 4 mètres à 1 fr. 75 l'unité.	5 fr. 25
9 mètres de carton bitumé à 0 fr. 40 le mètre	3 fr. 60
1 paquet de pointes de 6 centimètres..	2 fr. 00
2 kgs de pointes fines de 3 centimètres.	1 fr. 40
Tôle ou zinc 1/2 mètre carré	1 »
1/2 kg de conduits pour Layens	0 fr. 30
Charnières pour porte Dadant (8 paires).	1 fr. 50
Paumelles, poignée et serrure pour la porte	4 fr. 50
Toile métallique	0 fr. 50
Peinture à la céruse, 6 kgs à 1 fr. 40...	8 fr. 40
Total	123 fr. 65

CHAPITRE VII

SUPPORTS DE RUCHES

Précautions à prendre pour éviter l'humidité à l'intérieur des ruches. — Différentes sortes de supports. — Supports isolés. — Supports communs. — Moyens de les établir économiquement.

Précautions à prendre. — Tous les praticiens savent qu'il ne faut jamais placer les ruches trop près du sol, car l'humidité imprégnerait le bois du plateau, et pourrait provoquer, durant l'hiver, la moisissure du bas des rayons, ce qui est toujours préjudiciable aux abeilles et à la bonne marche des colonies. De plus, l'aération se fait bien plus difficilement, et les abeilles souffrent durant l'hivernage.

Différentes sortes de supports. — Il existe deux sortes de supports pour ruches : les *supports simples* ou *isolés*, destinés à recevoir une seule ruche, et les *supports communs*, pouvant en recevoir plusieurs. Les premiers ont l'avantage de laisser le pourtour des ruches libre pour la circulation, sans obliger l'apiculteur à observer une orientation uniforme, ce qui est assez important, en ce sens qu'elle empêche les abeilles et les mères de se tromper de ruches. Chaque fois qu'on le peut, on doit leur donner la préférence.

Mais les supports communs sont plus facilement construits que les supports isolés.

Supports isolés. — On peut les établir de différentes manières. L'une des plus simples consiste, si vous avez des pierres plates à votre disposition, à placer quatre de ces pierres à chacun des angles du plateau, de façon qu'il jouisse d'une grande stabilité, en ayant soin, toutefois, de lui donner une petite inclinaison vers l'avant, du côté du trou de vol, afin que les eaux des pluies et celles qui proviennent de la condensation des vapeurs à l'intérieur des colonies puissent s'écouler à l'extérieur. L'horizontalité longitudinale et la pente en avant se vérifient au moyen du niveau à bulle d'air ou du niveau de maçon.

Les pierres peuvent être remplacées avantageusement par des briques. Une vingtaine de briques suffisent, à raison de cinq par pilastre.

Certains apiculteurs font reposer leurs ruches sur des caisses, d'autres se servent de bois en grumes ou équarri qu'ils appointissent d'un bout et qu'ils enfoncent à la masse dans le sol.

Les piquets (fig. 51) sont placés quatre par quatre, comme les piliers de briques, en observant le niveau, et la légère pente en avant. Dans les terrains rocheux ou rocailleux, les piquets s'enfoncent difficilement ou ne tiennent pas : il faut opter pour un autre système de support.

Pour prolonger la durée du bois, il est très recommandable de les brûler légèrement à la flamme, du

Fig. 51. — Ruches reposant sur des piquets en bois.

moins la partie enterrée, ou bien on les enduit d'une couche de *goudron* ou de *créosote*.

Il existe encore d'autres supports de ruches. Le plus simple se construit au moyen de 4 piquets équarris, de 40 à 50 centimètres de longueur, que l'on relie horizontalement par des traverses de 12 à 15 centimètres de largeur, de manière à former un cadre rectangulaire, sur lequel reposera le plateau de la ruche. Pour éviter que les pieds ne s'enfoncent dans le sol, ou se détériorent, on place sous chacun d'eux une brique ou.un carreau en terre cuite.

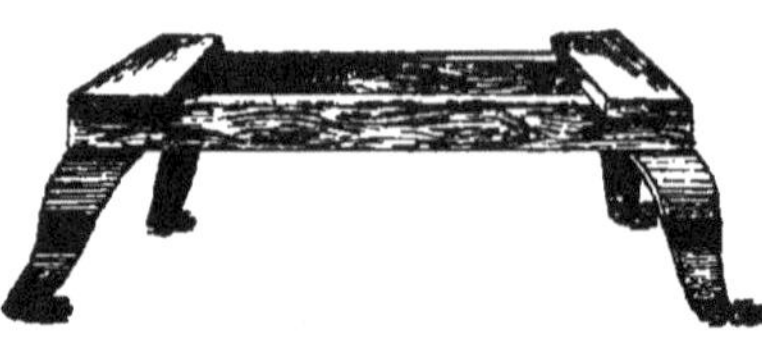

Fig. 52. — Cadre support avec pieds en fonte.

Le cadre support (fig. 52) se compose de quatre traverses longitudinales et transversales, assemblées solidement, et au-dessous desquelles on fixe quatre pieds, en fonte.

Supports communs. — Chez les fixistes, ce support se compose tout simplement d'un madrier de chêne ou de sapin, posé à même le sol ou sur des briques, et destiné à recevoir les ruches vulgaires, rangées côte à côte, sans aucun intervalle.

Il est facile de comprendre la défectuosité de ce système : d'abord l'apier, insuffisamment surélevé, est bientôt enfoui sous les herbes, ce qui gêne considérablement les butineuses. En outre, les rongeurs ont un pied-à-terre qui leur permet de dévorer les cires et de dévaliser les rayons, sans compter que l'humidité cause des dégâts énormes dans les ruches.

Pour remédier en partie aux inconvénients précités, il faut surélever les madriers sur des rondins ou autres chantiers analogues, et les placer jointifs, sans fissures, pour empêcher l'intrusion des souris, avec une partie en saillie, à usage de reposoir.

Moyens d'obtenir des supports économiques. — On peut aussi obtenir un support d'apier économique en plaçant deux planches de champ, longi-

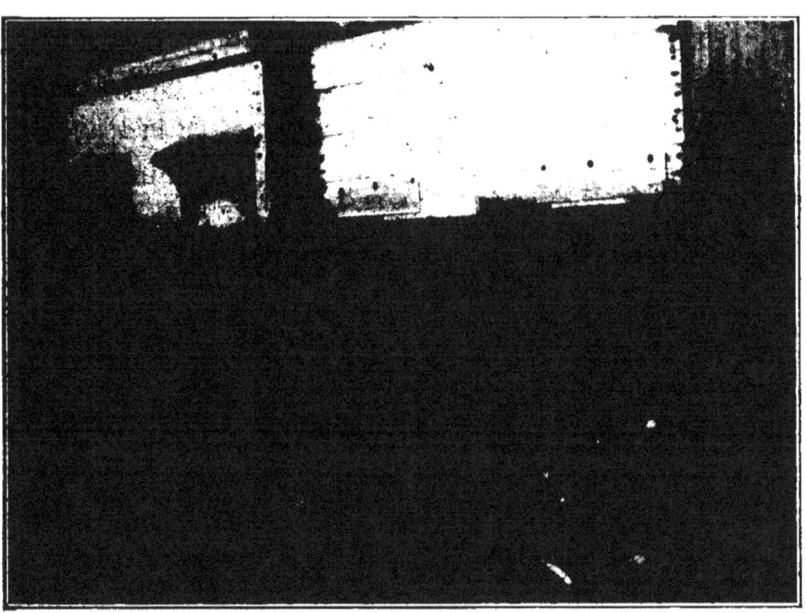

Fig. 53. — Support de ruches formé de longrines reposant sur des pilastres en briques.

tudinalement, dans la direction que l'on veut donner à l'apier. Ces planches étant parallèles, et espacées de 35 à 40 centimètres, suivant la largeur des ruches, on les maintient dans leur position verticale au moyen de pieux ou solides piquets appuyés contre chacune de leurs extrémités, et de chaque côté.

Le Rucher.   7

Un support très pratique et très économique, convenant aussi bien aux ruches à cadres qu'aux paniers, est celui que nous avons construit pour un de nos ruchers, et que représente la figure 53.

Il se compose de trois petits pilastres de briques, posées au mortier de chaux hydraulique, et distants de 2^m,50. Sur ces pylônes, nous avons placé deux longrines de 5 mètres de long et un équarissage de 6^{cm} × 6^{cm}, en ayant soin de mettre la traverse antérieure un peu plus bas que l'autre, afin que les ruches bénéficient d'une petite pente d'arrière en avant.

Avec une couche de goudron, ces longrines peuvent durer dix ans et plus, et le support tout entier, sur lequel on peut placer six ou sept ruches, ne revient guère qu'à 6 ou 7 francs.

Un autre modèle, adopté par M. Molteau de Saint-Fergeux, consiste à faire reposer les ruches sur du fer cornière, du poids de 2 kilogrammes à 2^{kg},500 le mètre courant, supporté par des pieds espacés de mètre en mètre.

Le prix de revient de cette installation pratique ne dépasse pas 15 francs par support de 6 mètres, avec une couche de peinture au minium.

CHAPITRE VIII

EXTRACTEURS ET CHEVALETS
A DÉSOPERCULER

La question primordiale de l'extracteur. — Son fonctionnement.
— Construction d'un mello-extracteur. — L'extracteur à manivelle. — Petit chevalet économique. — Accessoires d'extraction. — Chevalet perfectionné.

La question de l'extracteur. — De tout le
matériel d'apiculture, c'est certainement l'extracteur
qui coûte le plus cher et, par suite, c'est son prix
élevé qui entrave le plus le développement de la
nouvelle méthode, ainsi que la transformation des
ruches vulgaires en ruches à cadres.

Il faut compter, en effet, sur une dépense
de 80 à 100 francs, lorsqu'on veut se procurer un
extracteur perfectionné du commerce, comme celui
que représente la figure 54, avec cuve en fer-blanc
étamé ou en tôle galvanisée, et pourvu d'un méca-
nisme capable de communiquer à la cage tournante
la vitesse sans laquelle l'extraction du miel se fait
mal.

Or, ainsi que le prouvent les nombreuses correspondances que nous recevons de divers côtés, cette avance importante de fonds fait hésiter de nombreux adeptes, et nous pensons être utile à bon nombre de nos lecteurs en décrivant la manière de construire économiquement les extracteurs.

Fonctionnement. — L'extraction mécanique du miel est basée sur le principe de la force centrifuge. Les cadres désoperculés étant placés dans une cage mobile, munie d'un mouvement de rotation de 4 à 500 tours à la minute, le miel liquide qu'ils contiennent est projeté contre les parois de la cuve ; il vient s'écouler par la partie inférieure du récipient et s'emmagasine dans un seau *ad hoc*.

La cage est donc la partie essentielle de l'extracteur. Elle est pourvue de deux pivots, portés ou non par un axe central, et de quatre faces ou compartiments grillagés, contre lesquels les cadres sont maintenus pendant la rotation.

Le mouvement est communiqué soit par l'intermédiaire d'un arbre horizontal portant une roue dentée à son extrémité, qui s'embraye avec un petit pignon conique fixé au bout de l'axe vertical, ou bien, d'une manière beaucoup plus simple mais moins parfaite, au moyen d'une corde à enroulement, comme dans les *mello-extracteurs* de *Schmiedl* et *Henckel*.

Construction d'un mello-extracteur. — **1º Cage**. — La cage se compose (fig. 55) d'un arbre vertical que l'on peut prendre en fer doux,

de 3 à 4 centimètres de diamètre et 65 à 70 centimètres de longueur. Dans cette tige entrent à
frottement dur deux tendeurs perpendiculaires
de 15 millimètres de diamètre, forgés sur douille
CD, et soutenus en D par une goupille. Ces tendeurs

Fig. 54. — Extracteur avec cuve en fer-blanc étamé.

sont reliés à leurs extrémités, et 2 par 2, par d'autres tiges verticales de même diamètre, consolidées,
du bas, par des traverses horizontales.

Tout le pourtour et le fond de la cage sont entou-
rés d'un treillis clair en fort fil de fer galvanisé.

En donnant aux tringles disposées diagonalement

une longueur totale de 64 centimètres, il reste, entre chacun des montants verticaux, un espace de 44 à 45 centimètres, permettant l'extraction de toutes sortes de cadres, et, lorsqu'on procède à l'extraction du miel de hausses modèle *Dadant Blatt*, on peut

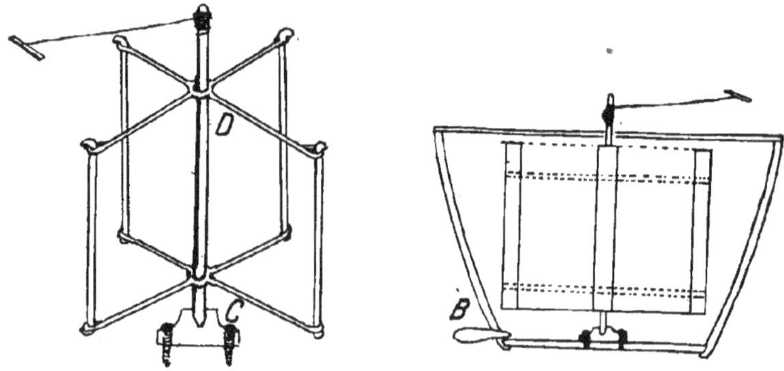

Fig. 55. — Cages de mello-extracteurs.

Vue perspective d'un modèle en fer
et coupe d'un modèle en bois.

en extraire, à la fois, deux sur chaque face, ce qui fait un total de huit cadres.

Au cas où l'on n'aurait aucune connaissance du travail du fer, l'ossature de la cage peut être construite en bois, ainsi qu'il suit : les quatre montants verticaux étant réunis par des tendeurs traversant l'axe central de part en part, et serrés par des écrous, il suffit de fixer, dans le bas et dans le haut de l'arbre vertical, des pivots d'acier, disposés comme on le voit sur la figure 55.

Pour actionner notre mello-extracteur, il suffit d'enrouler la ficelle autour de l'arbre après lequel elle est attachée, et, la saisissant par la poignée, on exécute des mouvements alternatifs d'enroulement et de relâchement. La force exercée pendant le premier acte conserve son action sur l'appareil qui, continuant à tourner, fait reformer de nouvelles spires autour de l'arbre que l'on développe ensuite, ce qui produit une rotation alternante.

2° Cuve. — La cuve du mello-extracteur peut être en bois, en tôle ou en fer étamé, mais jamais en cuivre ni en zinc, parce que ces métaux se laissent attaquer par l'acide formique du miel, en formant des composés vénéneux. On peut même utiliser, dans ce but, un grand tonneau dont on a retiré un des fonds. Ce tonneau est pourvu, dans le bas, d'une bonde de vidange B, permettant de recueillir le miel par soutirage (fig. 55).

Construction d'un extracteur à manivelle. — Il se différencie du premier en ce sens que l'impulsion rotative, au lieu d'être fournie par une ficelle, est provoquée par l'intermédiaire d'une manivelle qui actionne une roue dentée s'embrayant sur un pignon conique fixé au bout de l'arbre vertical de la cage. Pour tout le reste, la construction est identique.

Ces mécanismes spéciaux se trouvent chez tous les quincailliers et marchands d'articles apicoles et coûtent 7 à 8 francs (fig. 56); ils rendent le travail de l'extracteur plus parfait et plus expéditif ; nous les recommandons chaudement.

Il existe aussi des systèmes d'extracteurs à cages *retournables* ou *réversibles* qui permettent de vider·

Fig. 56. — Manivelle d'extracteur.

les deux côtés des cadres en faisant basculer simplement les compartiments qui les contiennent. Ces appareils, montés sur pivots, sont d'une construction un peu compliquée pour l'amateur.

Nous ne ferons que signaler aussi les extracteurs verticaux, dans lequels les cadres tournent dans le sens de la roue porteuse, et qui épuisent à la fois le miel contenu dans les deux faces. Deux apiculteurs ardennais ont construit de ces modèles, irréprochables au point de vue du fonctionnement, mais assez difficiles à établir pour quelqu'un qui n'est pas du métier.

Petit chevalet économique. — La figure 57 représente un bon modèle de chevalet qui jouit d'une grande stabilité, et qui, placé à hauteur d'homme, sur une table, rend le désoperculage des rayons très facile.

Il se compose de quatre pièces en bois blanc, longues de 80 centimètres et de $3^{cm} \times 6^{cm}$ en section droite, assemblées deux à deux à la façon d'un che-·

valet, et réunies par une traverse supérieure qui sert à supporter les cadres.

Les pieds sont maintenus à leur écartement par deux barres transversales, et longitudinalement par d'autres liteaux qui servent en même temps de point d'appui aux cadres lorsqu'on les désopercule.

En donnant une longueur de 45 centimètres à la traverse supérieure, notre chevalet économique peut servir à tous les modèles de ruches. Au cas où l'on exploiterait deux systèmes de ruches, par exemple des Dadant et des Layens, on placerait les crochets ou pointes supports, d'un côté à 42 centimètres, et de l'autre à 33 centimètres de distance.

Fig. 57. — Chevalet économique pour désopérculer les rayons, avec ses accessoires.

Accessoires. — Comme complément au chevalet il faut un tamis et une boîte bien étanche que l'on peut construire en bois ou en fer-blanc. Ce tamis a pour objet de recevoir les opercules, et la boîte de

7.

miel liquide qui s'en égoutte. Ce miel d'égouttage est d'excellente qualité ; il peut être versé dans le maturateur.

Au sujet des maturateurs — ce sont des récipients plus hauts que larges, dans lesquels le miel se réduit et s'épure — il convient de dire que l'amateur, possesseur d'un petit nombre de ruches, peut très bien utiliser, pour les remplacer, de simples estagnons d'huile dont on a retiré un des fonds.

Le principal mérite du matériel décrit, c'est d'être d'un prix de revient peu élevé.

Chevalet perfectionné. — Pour l'apiculteur professionnel nous conseillons le modèle représenté par la figure 58, pouvant servir à la fois de *mellificateur* et de *cérificateur*.

Ce chevalet, qui permet le travail simultané de deux personnes, se compose d'un bâti à quatre pieds inclinés, et assez relevés pour que l'opérateur puisse travailler en station droite. Les cadres sont suspendus, de chaque côté, par la méthode ordinaire ; mais il existe, entre les deux pieds et au-dessus de la caisse, l'espace nécessaire au séjour momentané des cadres désoperculés, en attendant leur passage dans l'extracteur.

La caisse occupe toute la longueur du bâti : elle se compose d'une boîte mobile avec tamis, et d'un double fond sur lequel s'écoule le miel d'égouttage qui est recueilli sous le clapet de vidange.

Le grand tamis de l'appareil peut servir à l'épuisement du miel des gâteaux des ruches vulgaires, sans pression ni chaleur. En plaçant dessus une vitre à laquelle on donne une inclinaison convenable, on

Fig. 58. — Chevalet à désoperculer, pouvant servir en même temps de mellificateur et de cérificateur.

peut faire fondre des brèches de cires au soleil, notamment les cires d'opercules.

Enfin ce chevalet peut encore être utilisé pour la dessiccation d'une petite quantité de fruits.

CHAPITRE IX

ABREUVOIRS, RUCHETTES ET NOURRISSEURS

Abreuvoirs.

Utilité des abreuvoirs. — Les abreuvoirs pour
abeilles ont surtout leur raison d'être au printemps,
tant que la température n'est pas suffisamment
radoucie, et que l'élevage du couvain est poussé avec
activité.

On estime que, dans les mois d'avril et mai, une
colonie populeuse exige, pour la préparation de ses
pâtées, 200 grammes d'eau tous les jours. Or, pour
peu que le temps soit froid, le vent violent, et la distance du rucher à la mare ou au ruisseau grande, on
comprend que nombreux sont les accidents auxquels
sont exposées les ouvrières chargées de ce travail.

Avec un abreuvoir exposé dans un endroit ensoleillé et abrité, placé au voisinage du rucher, on

évite les noyades et les engourdissements causés par le froid.

Différents systèmes d'abreuvoirs. — Les systèmes d'abreuvoirs en usage sont aussi nombreux que variés, l'imagination des apiculteurs étant très fertile en expédients. En premier lieu, nous citerons _l'abreuvoir tonneau_, à filet continu, tel que le montre la figure 59. Il consiste en

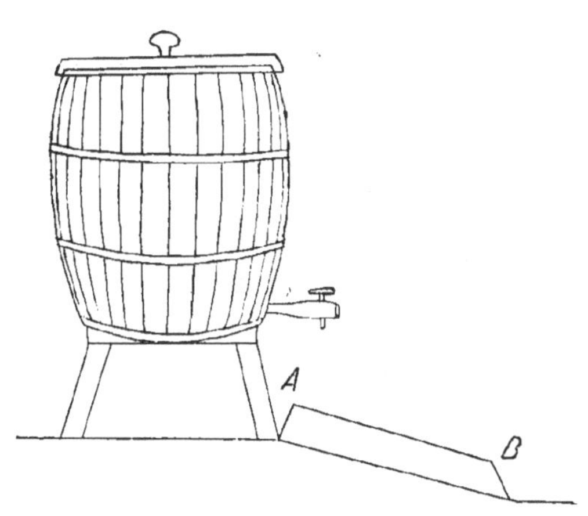

Fig. 59. — Abreuvoir rustique.

un fût quelconque, placé sur un socle ou trépied, et pourvu d'une cannelle. Au-dessous de la cannelle, une dalle AB, posée légèrement inclinée, est recouverte d'une petite couche de mousse ou d'un lit de sable.

Le tonneau étant rempli d'eau et pourvu d'un couvercle pour réduire l'évaporation, on ouvre très légèrement la fontaine, de manière à faire tomber un mince filet d'eau sur la mousse et le sable. Les abeilles peuvent ainsi s'abreuver sans danger, en suçant les matériaux humides qu'elles ont à leur portée, et qu'elles préfèrent toujours à la sucée directe, à même le plat.

Abreuvoir siphoïde. — Un autre modèle d'abreuvoir recommandable, facile à construire, est le système siphoïde (fig. 60), constitué par un récipient en terre ou en verre de grande capacité, que l'on place, renversé, sur une soucoupe, un plat profond ou une boîte.

Fig. 60. — Abreuvoir siphoïde.

Le bocal étant rempli d'eau, le goulot reposant sur de petits cailloux qui le surélèvent, le niveau du liquide reste constant dans la boite, et les abeilles peuvent venir pomper l'eau à la surface, sans aucun danger, si on la recouvre de bouchons coupés en rondelles ou de fétus de paille.

Abreuvoir Tonelli. — Un nouveau système, récemment imaginé par un apiculteur italien bien connu *Alessandro Tonelli*, nous paraît également très pratique.

L'abreuvoir proprement dit (fig. 61), est formé d'une caissette parallélipipédique, en zinc vernissé, pour empêcher l'oxydation. Les dimensions de cet appareil, exposé pour la première fois au Congrès des apiculteurs

Fig. 61. — Abreuvoir Tonelli.

italiens de Florence, en août 1909, sont : longueur 60 centimètres, largeur 33 centimètres, hauteur 15 centimètres ; les bords supérieurs sont repliés pour leur assurer une plus grande solidité.

L'originalité du système consiste en des tubes creux, fermés à chaque extrémité, qui flottent sur l'eau contenue dans le récipient. Ces tubes, ayant même longueur que la caissette, et 26 millimètres de diamètre, laissent entre eux un espace de 1 à 2 millimètres, juste ce qu'il faut pour que les abeilles puissent passer la langue entre les tubes sans danger de noyade.

A chaque remplissage du récipient, on fera bien de jeter dans l'eau une poignée de sel.

Ruchettes.

Utilité des ruchettes. — Les ruchettes sont d'une grande utilité pendant la récolte du miel et lors des visites et des différentes manipulations que l'on exécute au rucher, d'abord parce qu'elles permettent de placer rapidement les cadres à l'abri des pillardes, et ensuite parce qu'elles sont facilement transportables, dès lors qu'on les a munies d'une poignée portative.

Description d'une ruchette. — La ruchette que nous présentons, figure 62, est commode et facile à construire. Les cadres destinés à être extraits sont protégés par le couvercle mobile et transportés au laboratoire lorsque l'on a deux ruchettes de pleines ; celles-ci sont encore utilisées pour le retour des cadres vides.

Une ruchette n'est en somme qu'une simple caissette, dans laquelle on peut placer cinq ou six cadres du modèle de ruche que l'on possède, disposés comme dans la ruche dont ils proviennent, c'est-à-dire à une distance de 38 millimètres d'axe en axe, et maintenus du bas par des conduits. Il est donc facile de calculer les dimensions qu'on doit lui donner, aussi bien en longueur qu'en largeur et en profondeur

En avant de la ruchette, on ménage un petit trou de vol qui peut avoir son utilité au moment de la récolte des essaims, ainsi que si l'on pratique le renouvellement

Fig. 62. — Ruchette pour cadres Layens.

artificiel des mères; on peut en outre l'utiliser pour le logement provisoire des essaims, avant leur transfert dans des ruches à cadres.

Il ne nous semble pas utile de nous étendre sur les détails de construction des ruchettes, qui restent subordonnés à la forme et aux dimensions des ruches auxquelles elles servent de complément.

Certains apiculteurs font leurs prélèvements de miel en se servant d'une ruche vide, qu'ils placent sur une brouette, et qu'ils transportent au laboratoire lorsqu'elle est pleine. La même chose a lieu pour les hausses des ruches verticales que l'on recouvre d'une bâche ou d'une serpillière.

Boîte à transport. — Signalons aussi la boîte à cadres, telle que la construit M. *Moret*, de *Tonnerre*. Cette caisse, composée de deux étages pouvant être crochetés, ainsi que le couvercle, est **très commode** pour la récolte des cadres de hausses.

Le fond de la boîte, pourvu d'une feuille de fer-blanc étamé et mobile, retient le miel qui pourrait s'échapper des rayons pendant le transport.

La caisse à cadres peut être faite pour tous les modèles de ruches ; il faut avoir soin de la munir, sur le côté, de petits cônes en toile métallique qui jouent le rôle de chasse-abeilles. Le transport se fait indifféremment à bras, au moyen de poignées, ou mieux sur une brouette ou une charrette quelconque.

Nourrisseurs.

Différents systèmes de nourrisseurs. — Il en existe une foule de systèmes, plus ou moins pratiques et ingénieux, des *français*, des *anglais*, des *amé-*

ricains, les uns brevetés, les autres qui ne le sont pas.

Tous les nourrisseurs ont ceci de commun, c'est qu'ils servent à l'alimentation des abeilles au printemps, lorsque les provisions font défaut dans la ruche. Ils peuvent aussi servir au *nourrissement spéculatif*, dont nous aurons l'occasion de parler aux travaux du mois.

Quel que soit le but du nourrissement, il est préférable de toujours le pratiquer à l'intérieur de la ruche, et sur le dessus des cadres, afin d'éviter le déplacement des abeilles, en dehors du groupe en hivernage, tant que la température ne s'est pas encore réchauffée. Pour cette raison, les *nourrisseurs d'entrée* ne sont pas à préconiser.

Nourrisseurs rustiques. — Le nourrisseur le plus simple se compose, tout simplement, d'un flacon quelconque, à goulot large, ou d'un pot de confiture que l'on emplit de sirop de sucre, et que l'on recouvre d'un morceau de mousseline à tissu assez lâche. Cette étoffe étant ficelée solidement,

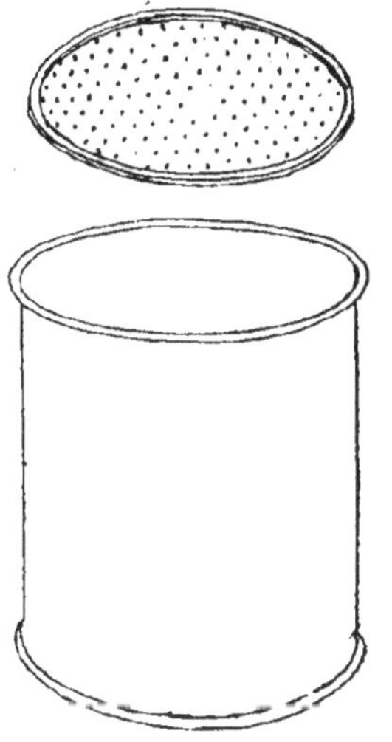

Fig. 63. — Nourrisseur.

ment, et le pot renversé sur une ouverture percée dans une des planchettes de recouvrement, les abeilles viennent lécher la substance sucrée, et l'emmagasinent jusqu'à épuisement complet. C'est ce principe qui a été mis en application par *Hill* pour la construction de son nourrisseur (fig. 63), composé d'une simple boîte en fer-blanc, fermée par un couvercle perforé, au travers duquel le sirop liquide vient perler.

Nourrisseur Doolittle. — Ce nourrisseur est très pratique, parce qu'il peut contenir un poids respectable de sirop, 3 à 4 kilogrammes, tout en restant d'une construction facile. De plus, comme il se met à l'intérieur même de la ruche, aux lieu et place d'un cadre dont il a les mêmes dimensions, il n'y a point besoin d'ouvrir un trou dans les planchettes de recouvrement, et par suite on n'a pas à craindre les déperditions de chaleur par le dessus.

Ce nourrisseur peut être construit pour toutes sortes de modèles de ruches à cadres. Il est constitué (fig. 64) par une caissette fabriquée avec de la volige mince et suffisamment ajustée pour pouvoir contenir du sucre liquide.

Les dimensions intérieures sont celles d'un cadre, c'est-à-dire 25 millimètres, mais il faut que, voliges comprises, le nourrisseur puisse circuler dans l'intervalle d'un seul cadre. Généralement on leur donne un peu moins de hauteur.

Ils sont supportés, à chacune de leurs extrémités, par des taquets ou des pointes supports, identiques à celles des cadres. La circulation des abeilles se

fait le long des taquets, et par l'intervalle compris
entre le dessus du nourrisseur et les planchettes. En

Fig. 64. — Nourrisseur Doolittle.

s'abstenant de raboter les voliges, la descente et la
montée des abeilles se fait sans danger de noyade.

CHAPITRE X

LES RUCHES VULGAIRES

Généralités sur les paniers. — Fabrication des ruches vulgaires
— Ruches à calotte. — Capuchons pour ruches vulgaires. —
Ruches mixtes.

Généralités sur les paniers. — Les ruches vulgaires ou à cloche, en *viorne*, *osier* ou *paille*, sont généralement fabriquées par des spécialistes, le plus souvent par des vanniers qui les vendent aux apiculteurs fixistes depuis 1 fr. 50 jusqu'à 3 francs la pièce, suivant la qualité et le fini du travail. A moins d'être un peu de la partie et d'avoir suffisamment de loisirs, le cultivateur n'a pas beaucoup d'intérêt à confectionner lui-même les ruches vulgaires dont il a besoin.

Il existe des paniers de toutes formes et de toutes dimensions : les uns, élancés, plus hauts que larges, comme on le voit sur la figure 65; les autres écrasés, à grand diamètre, comme la ruche vosgienne, que l'on a l'habitude de loger sous les couverts. Puis il y a des formes intermédiaires.

En principe, la ruche à cloche ovalaire est considérée comme étant la meilleure, car c'est elle qui imite le mieux la forme de l'essaim, rassemblé pour l'hivernage et concentrant la chaleur.

La ruche vulgaire, telle que la représente la

Fig. 65. — Ruche vulgaire.

On aperçoit, sous le pisé en partie détaché, le clayonnage en viorne ou en osier.

figure 65, est très commune dans le nord et le nord-est de la France ; sa capacité varie entre 35 et 50 litres, et ses dimensions les plus habituelles sont : diamètre du fond, 40 centimètres ; hauteur, 45 centimètres ; elle cube ainsi 40 litres, mais il serait préférable qu'elle aille jusqu'à 50 litres.

Fabrication des ruches vulgaires. — Pour confectionner une ruche semblable, on commence d'abord par se munir d'un cerceau en feuille de hêtre; puis, sur son pourtour, et intérieurement, on amorce, avec des pointes, une vingtaine de gaulettes refendues, en noisetier, autour desquelles on clayonne alternativement, jusqu'à la hauteur voulue, en rétrécissant un peu vers le sommet.

Avant de fermer le plafond, on introduit, par le dessus, un bâton dont on a refendu l'une des extrémités en baguettes effilées, que l'on plante dans le clayonnage, de manière que seule une poignée reste apparente.

Il n'y a plus qu'à placer transversalement à l'intérieur, et en croix, 4 ou 8 petits bâtonnets, appelés *croisillons*, qui ont pour objet de soutenir les gâteaux, surtout lorsqu'ils sont nouvellement construits, et que l'excès de chaleur a ramolli les cires.

L'enduit extérieur, dont on recouvre la ruche, simplifie le travail de propolisation des abeilles; on le prépare avec un mélange de terre glaise et de bouse de vache pétries et appliquées à la truelle.

La ruche vulgaire en paille (fig. 66) se fabrique au moyen d'un saucisson de paille de même grosseur, obtenu avec une sorte de virole métallique de 40 millimètres de diamètre.

Le premier tour de paille est fixé à la feuille de hêtre par des fils de fer qui la traversent, puis on les remplace par des liens d'osier ou de noisetier

Fig. 66. — Ruche en paille usagée.

Le trou de vol est blindé avec du fer-blanc
pour empêcher l'intrusion des rongeurs.

refendus, qui embrassent la paille comme le montre
la figure 66.

Avoir soin de maintenir la virole, ou calibre, constamment pleine de paille, afin que les saucissons

soient réguliers, et serrés avec force. Le dessus est couronné ou non d'une poignée.

Ruches à calotte. — Elles sont assez intéressantes, en ce sens qu'elles tiennent le milieu entre la ruche vulgaire et la ruche à cadres.

Elles se composent (fig. 67) d'un corps de ruche cylindrique, généralement en paille, sur lequel on peut ajuster une hausse. Leur capacité, également variable, peut être de 30 ou 35 litres pour le corps de ruche, et 10 à 12 litres pour la hausse.

Leur fabrication ne diffère pas sensiblement de celle des ruches simples, mais elles ont sur ces dernières l'avantage de pouvoir être récoltées sans nécessiter la destruction des bâtisses du corps de ruche. Il suffit, en effet, d'attendre la fin de la grande miellée, alors que le couvain est descendu tout au bas de la ruche, pour retirer la hausse qui ne contient plus que du miel. Ce miel extrait par le procédé ordinaire, avec les gâteaux, on replace la hausse vide sur la ruche : les abeilles reconstruisent les rayons et s'empressent de remettre tout en état pour l'hivernage.

Capuchons pour ruches vulgaires. — Les colonies logées dans des paniers souffrent généralement plus de la froidure que les abeilles de nos ruches à cadres construites avec du bois d'épaisseur et couronnées d'un bon coussin.

Il faut donc les recouvrir d'un manteau protecteur,

capuchon ou *surtout*, fait avec de la paille de seigle
arrangée avec soin, et disposé de manière qu'il

Fig. 67. — Ruche à calotte.

puisse résister au vent, tout en mettant les abeilles
à l'abri de l'humidité et du froid.

Il se compose (fig. 68) d'une bonne demi-botte
de paille, tressée sur un gros fil de fer placé à
vingt centimètres d'une de ses extrémités, au
moyen d'un petit fil de fer souple, qui embrasse le

glui, poignée par poignée, tout comme s'il s'agissait de la confection d'un paillasson ordinaire de jardin, tressé sur une seule ficelle.

Les épis de la paille sont dirigés à l'opposé de la ligature.

Quand le fil de fer, mesurant 1^m,75 de long, est entièrement garni de paille, on le roule et on l'accroche, puis l'on rassemble les épis vers le sommet, de façon à former une tête que l'on serre le plus possible en la brêlant dans un chevalet à fagots.

Il n'y a plus qu'à couper correctement, au sécateur, le pourtour du capuchon, tout en ménageant une entrée pour les abeilles, puis on jettera dessus deux gros fils de fer, ou des cercles de tonneau afin d'empêcher la paille de s'ébouriffer.

Un surtout ainsi construit peut durer cinq ans et plus.

Ruches mixtes. — Leur fabrication est de la plus grande simplicité, et elles ont le mérite d'être d'un prix de revient très peu élevé.

Une *ruche mixte* n'est autre chose qu'une ruche à calotte, dans laquelle la calotte, au lieu d'être ronde, est une caisse carrée devant contenir des cadres mobiles, capables de pouvoir être vidés au moyen de l'extracteur, et redonnés aux abeilles pour qu'elles les remplissent à nouveau.

Mais les corps de ruche cylindriques ne s'accordent
pas trop avec des hausses carrées, et il vaut mieux
remplacer le panier en paille par une caisse parallélipipédique en bois, sur laquelle s'adapte exac-

Fig. 68. — Ruche vulgaire pourvue d'un surtout de paille.

tement la hausse mobile. Pour donner une plus
grande régularité aux gâteaux du corps de ruche,
on en indique la direction avec des barrettes fixes,
de 25 millimètres de large et distantes de 38 milli-

8.

mètres d'axe en axe. Avec les indications que nous
avons données sur les ruches à cadres, nos lecteurs
ne seront pas embarrassés pour se confectionner
un bon modèle de ruche mixte, qui pourra leur
donner satisfaction.

QUATRIÈME PARTIE
CRÉATION DES RUCHERS

CHAPITRE PREMIER

ACHAT DES RUCHES VULGAIRES ET TRANSPORT

Achat des ruches vulgaires. — Visite d'une ruche. — Aspect d'une bonne ruche. — Poids d'un bon panier. — Le transport des ruches vulgaires. — Précautions à prendre.

Achat des ruches vulgaires. — C'est toujours par là que l'on doit commencer, pour la création d'un rucher de rapport, à moins qu'il ne se présente une occasion avantageuse, par suite de la liquidation d'un apier de ruches mobiles en bon état, pratiques, vendues à un prix abordable. Il y a bien aussi la méthode de peuplement par *essaims*, mais, outre que ce procédé est généralement plus coûteux que l'autre, il est aussi d'un rendement moindre, du moins la première année.

Quoi qu'il en soit, l'achat des *ruches vulgaires* est une opération délicate, qui exige beaucoup de connaissances et de perspicacité ; aussi le débutant fera-t-il bien de se faire accompagner par un praticien, s'il n'a pas une confiance absolue dans le vendeur.

Pour traiter, vous profiterez d'une belle journée de mars, et vous vous rendrez sur les lieux, entre dix heures du matin et trois heures de l'après-midi, afin de pouvoir juger de la vitalité des colonies, par l'animation qui se manifeste devant les ruches. Vous noterez celles qui ont le plus d'activité et qui récoltent le plus de pollen des premières fleurs printanières : ce sont probablement les meilleures.

Mais ce simple aperçu ne suffit pas. Avant de pouvoir vous prononcer d'une façon affirmative, vous devez visiter chacune des colonies, ainsi qu'il suit.

Visite d'une ruche. — Commencez d'abord par enfumer les ruches, de manière à refouler les sentinelles, ainsi qu'on le voit sur la figure 69 ; puis, soulevez légèrement le panier pour le décoller de son plateau, après avoir retiré le capuchon. Les abeilles se mettent en *bruissement*. Attendez deux ou trois minutes afin qu'elles aient le temps de se gorger de miel, et qu'elles soient moins agressives ; puis, après avoir envoyé à nouveau, par le trou de vol, quelques bouffées de fumée, vous vous emparez de la ruche et la retournez sans crainte, la tête en bas.

Regardez attentivement. En écartant, de la main

les gâteaux du milieu, vous devez apercevoir du couvain d'ouvrières, bien reconnaissable de celui des mâles, car les opercules qui les recouvrent sont plus petits et plats. Il ne faut pas oublier, en effet, qu'une colonie qui ne posséderait que du couvain de mâle

Fig. 69. — Enfumage d'une ruche vulgaire.

serait *bourdonneuse*, et celle qui n'aurait pas de couvain du tout, serait *orpheline*, c'est-à-dire privée de mère, ou tout au moins suspecte. Il faudrait la délaisser. Mais ces cas sont assez rares.

Aspect d'une bonne ruche. — Lorsque les bâtisses sont de *couleur noire*, chargées de pollen, cela indique qu'elles proviennent de vieilles *souches*;

il faut toujours leur préférer les gâteaux de teinte claire, indice de constructions récentes, pour lesquelles les abeilles ont toujours une prédilection marquée.

Quant au poids de la ruche, abstraction faite du poids probable du panier, des abeilles, du couvain et de la cire, il donne celui du miel restant en magasin, aussi devez-vous y attacher une grande importance.

Poids d'un bon panier. — Sans doute on n'aime pas, pour le *peuplement*, les *ruches grasses*, trop chargées de miel, car il ne reste pas suffisamment de cellules vides pour assurer la ponte normale de la mère; mais, néanmoins, les provisions doivent s'y trouver en quantité suffisante pour suffire aux besoins des colonies pendant toute la période d'élevage, qui va de mars à la mi-mai, et durant laquelle il se fait une grande consommation de miel.

Disons qu'il faut avoir une grande habitude des abeilles et des paniers pour pouvoir évaluer approximativement la quantité de miel contenue dans les ruches vulgaires, car le poids de l'enveloppe seule peut déjà varier du simple au double, et davantage suivant les matériaux qui ont servi à les construire et l'enduit qui les recouvre. De plus, les vieilles bâtisses sont toujours plus lourdes que les nouvelles.

Si l'on compte $1^{kg},5$ pour le panier, $2^{kg},5$ pour les abeilles et le couvain, et 2 kilogrammes pour les cires et le pollen, soit un total de 6 kilogrammes, il ne faut pas que le poids global de la ruche soit inférieur à 15 kilogrammes. Des ruches de 20 kilogrammes seraient souvent préférables, car il faut bien se dire qu'une ruche n'est assurée d'avoir suffisamment de vivres qu'autant qu'elle en a de reste pour atteindre l'époque des grandes miellées. On ne doit

Fig. 70. — Transport d'une ruche à dos d'homme.

d'ailleurs pas espérer retirer profit du rationnement des abeilles, car il ne peut être que préjudiciable à l'avenir et à la bonne marche des colonies.

Transport des paniers. — Les ruches en bon état, que vous désirez acheter, sont marquées d'un signe distinctif; vous venez en prendre livraison le plus tôt possible, en faisant choix d'un moyen de locomotion approprié.

Les paniers peuvent être transportés à dos d'homme lorsque le trajet à parcourir est peu considérable (fig. 70), en voiture ou en chemin de fer pour les grandes distances.

Dans un cas comme dans l'autre, il y a un certain nombre de précautions à prendre, que nous allons énumérer.

Précautions à prendre. — En premier lieu, vous devez entoiler vos ruches d'une façon solide, afin que les abeilles ne puissent pas s'échapper, mais avec un tissu assez lâche, permettant le passage de l'air. Ce qui convient le mieux pour les transports de peu de durée, c'est encore la *toile d'emballage*, comme celle que les ménagères emploient pour laver les planchers. Cette toile enveloppe la ruche en entier (fig. 71); elle est maintenue par un certain nombre de spires de ficelle.

Les ruches vulgaires qui ne sont pas pourvues intérieurement de croisillons sont délicates à transporter, car les bâtisses peuvent, sous l'action des chocs, se détacher et s'effondrer en ensevelissant les abeilles. Il faut donc les manipuler avec de grandes précautions. Dans ce but, on ne fera le transport que sur des voitures à ressorts, on serrera les paniers les uns contre les autres pour éviter les secousses, on marchera au pas et on se détournera des mauvais chemins.

Il ne faudrait jamais, sous prétexte de loger un plus grand nombre de ruches sur le même convoi,

s'aviser de les superposer en retournant les supérieures. On laissera les rayons dans leur position
verticale naturelle.

Fig. 71. — Ruche vulgaire, entoilée pour le transport.

Pour les paniers à transporter par voie ferrée, à de
grandes distances, on remplacera avantageusement
la toile d'emballage par de la toile métallique qui
recouvrira toute la tranche inférieure de la ruche,

et que l'on fixera avec des pointes fines à tête plate.

Dans tous les cas, l'apiculteur ne doit jamais perdre de vue qu'il reste entièrement responsable des accidents que ses abeilles peuvent causer en cours de route, et il ne prendra jamais trop de précautions pour les éviter.

Arrivés à destination, les paniers sont rangés sur leurs plateaux respectifs et déficelés. Toutefois, il faut attendre quelques heures, que le calme soit entièrement rétabli dans les colonies, avant de retirer les toiles.

CHAPITRE II

LES TRANSVASEMENTS D'AVRIL

Objet du transvasement. — Le transvasement par superposition.
— Transvasement par renversement. — Règles à suivre.

Objet du transvasement. — Le transvasement
a pour objet de faire passer les abeilles du vaisseau
fixe qui les contient dans une ruche à cadres.

Il y en a de plusieurs sortes : les transvasements
par *superposition* et *renversement* ou *culbutage*, par
lesquels on met les abeilles en demeure d'émigrer,
sans précipitation, en leur fournissant le moyen et
le temps de le faire elles-mêmes. Quant au transvasement direct, c'est une expulsion, *manu militari*,
des abeilles et des rayons, avec le couvain, le miel
et le pollen qu'ils contiennent.

Les deux premières méthodes, très faciles à exécuter, ne sont pas toujours d'une réussite assurée,
tandis que la troisième, qui ne se pratique guère
qu'une quinzaine de jours après les autres, fin avril,
commencement de mai, suivant les régions, constitue
le mode de peuplement le plus rapide et plus expéditif.

On lui reproche seulement de fournir aux nouvelles colonies des rayons qui ne sont pas toujours très corrects au point de vue de la forme, et d'introduire des vieilles cires dans les ruches.

Les transvasements par superposition et renversement sont d'une exécution facile, à la portée du débutant ; le transvasement direct n'est qu'à la portée des personnes expertes, familiarisées déjà avec l'art de manipuler les abeilles.

Transvasement par superposition. — Cette opération peut être exécutée en mars, sans inconvénients, ou dans la première quinzaine d'avril au plus tard, afin que les abeilles ne soient pas tentées de prendre des *dispositions d'essaimage* que l'on empêcherait difficilement, ce qui compromettrait le succès du transvasement.

Pour être à peu près certain de réussir, il faut opérer avec une ruche vulgaire très peuplée, pourvue d'une bonne mère et d'abondantes provisions.

Voici la manière de procéder : par une journée où la température s'est quelque peu adoucie, munissez-vous d'un enfumoir et d'un voile, puis enfumez modérément la ruche vulgaire à transvaser, après l'avoir décollée de son plateau, et à la place de laquelle vous mettez la ruche à cadres à peupler.

Au cas où le plateau de l'ancien panier serait trop étroit, servez-vous de celui de la ruche à cadres.

La nouvelle demeure, quelle que soit sa forme ou

ses dimensions, se compose d'un corps de ruche contenant des cadres *complètement garnis de feuilles de cire gaufrée*, ainsi que nous allons l'expliquer.

Fig. 72. — Transvasement par superposition.

Cette condition est nécessaire et indispensable pour éviter la production excessive et inopinée des mâles ou *faux bourdons*.

Les planchettes de recouvrement de la ruche ayant

été retirées, posez le panier directement sur les traverses supérieures des cadres, en envoyant quelques bouffées de fumée en dessous, pour maintenir encore les abeilles un instant tranquilles.

Cela fait, remettez les planchettes sur les cadres encore apparents pour les cacher, garnissez le pourtour du panier avec de la toile cirée ou des chiffons, afin d'intercepter tout passage sur le dessus, et d'obliger les abeilles à passer par le *trou de vol* de la ruche à cadres, ce qui leur permettra de faire connaissance avec leur nouvelle demeure et de s'y établir.

Pour empêcher la pluie et l'humidité de pénétrer à l'intérieur de la nouvelle colonie, vous devez la recouvrir d'un enduit ou pisé provisoire, fait avec de la bouse de vache pétrie, par parties égales, avec de la terre glaise. Arrondissez l'enduit en dos d'âne à l'aide d'une truelle, et recouvrez du *capuchon* ou surtout de paille (fig. 72).

Certains praticiens, dans le but de hâter la descente des abeilles, réduisent la capacité du panier et la place destinée à la ponte en le sciant transversalement au tiers ou à la moitié de sa hauteur. Hâtons-nous de dire que ce procédé n'est pas si simple qu'il en a l'air : il disloque les rayons, fait couler le miel, et révolutionne les abeilles. Il vaut mieux, au cas ou l'on aurait des doutes sur la valeur mellifère de la contrée qu'on habite, remplacer le transvasement par superposition par le culbutage.

La figure. 72 nous montre une ruche en voie de tranvasement par superposition.

Fig. 73. — Tapotement (Hommell).

Pendant toute la durée de l'année mellifère, les

abeilles sont laissées dans l'état où nous les avons mises. Ce n'est que vers la fin de la deuxième miellée que nous exécutons la deuxième partie du transvasement. A cet effet, nous séparons le panier, désormais inutile, de la ruche à cadres, après un copieux enfumage, et nous nettoyons le dessus des cadres du pisé et des impuretés qui s'y trouvent.

Nous visitons ensuite, aussi prestement que possible, les cadres du corps de ruche, afin d'évaluer les provisions emmagasinées, comme nous l'indiquerons par la suite, l'abondance du couvain, et, d'une façon générale, la force de la colonie.

Si le résultat est satisfaisant, les planchettes de recouvrement, le coussin et la toiture sont remis en place, et l'opération est terminée.

Il n'y a plus qu'à chasser le reste des abeilles réfugiées dans le panier, en procédant par *tapotement* (fig. 73), puis à secouer l'essaim devant la ruche à cadre. La ruche vulgaire, ne contenant plus que du miel, est récoltée.

Au cas où la ruche à cadres ne contiendrait que très peu de miel et pas de couvain, on replacerait le panier dessus, comme il était, en le remastiquant, et l'on attendrait la campagne suivante.

Transvasement par renversement. — Cette méthode est préférable chaque fois que la région n'est pas très mellifère, et que le panier à transvaser n'est pas de toute première valeur.

Le transvasement par culbutage a pour objet, ainsi que le montre la figure 74, de placer les gâteaux du panier dans une position renversée qui déplaît aux abeilles et les pousse à émigrer beaucoup plus vite

Fig. 74. — Ruche en voie de transvasement par renversement.

pour aller habiter la ruche à cadres. Mais, par suite de cette situation anormale, la chaleur de la ruche a une tendance à s'échapper par l'ouverture béante. Pour éviter le refroidissement du couvain, avec les conséquentes funestes qui peuvent en découler, il convient de ne pas entreprendre cette opération trop tôt, et l'on attendra que la température se soit un peu adoucie.

9.

Voici la technique de ce transvasement :

Garnissez votre ruche à cadres de ses feuilles de cire, de ses planchettes, de son coussin et de sa toiture. A l'emplacement du panier, creusez un trou, dans lequel vous engagez les deux tiers de la ruche vulgaire renversée. Bien entendu, vous faites précéder le culbutage d'un enfumage copieux.

Après avoir calé le panier, de manière à ce qu'il ne bascule pas, recouvrez-le d'un plateau percé d'une ouverture plus petite que le fond de la ruche vulgaire, et placez la ruche à cadres dessus (fig. 74).

Mastiquez le pourtour du panier, dans sa jonction avec le plateau, de façon à ne pas laisser d'autre sortie aux abeilles que le trou de vol de la ruche à cadres.

Les ouvrières du panier ne tardent pas à construire sur les belles cires gaufrées mises à leur disposition dans la nouvelle demeure ; elles y transportent bientôt leurs provisions, puis la mère vient y localiser sa ponte.

A l'arrière-saison, il ne reste plus guère dans le panier que des gâteaux vides. Vous pouvez, dès lors, le rentrer au laboratoire pour le récolter. Le plateau percé est remplacé par un plateau plein ordinaire, et le transvasement est terminé.

CHAPITRE III

LE GAUFRAGE DES CADRES

Les feuilles de cire gaufrée. — Gaufrier à main. — Gaufrier économique. — Fabrication de la cire gaufrée à l'aide du laminoir. — Pose des feuilles de cire.

Les feuilles de cire gaufrée. — Les feuilles de cire gaufrée (fig. 75), sont de très minces lames de

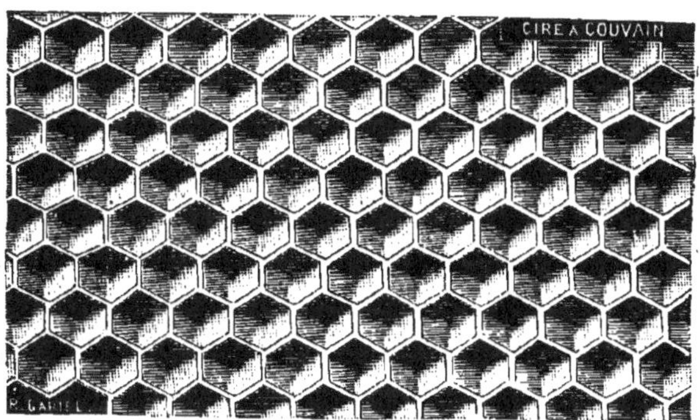

Fig. 75. — Cire gaufrée.

cire qui doivent être fabriquées avec de la cire d'abeilles *absolument pure*, et sur chaque face desquelles se trouve gravé le fond des cellules.

Ces feuilles, tendues au milieu de chaque cadre, représentent la cloison ou partie médiane des rayons, telle qu'elle existe à l'état naturel, et qui sert à supporter les alvéoles destinés à contenir, soit du *miel*. soit du *couvain* ou du *pollen*.

Il existe, comme on le sait, trois genres de cellules, correspondant aux trois catégories d'abeilles qui peuplent une colonie, savoir : des cellules d'*ouvrières*, de *mâles*, et de *femelles* ou *mères*.

Les deux premières sont de beaucoup les plus nombreuses. Elles sont toutes d'une forme hexagonale identique, avec cette différence que les cellules de mâles sont plus volumineuses ; elle servent à l'élevage du couvain et à l'emmagasinement des provisions. Mais il ne faut pas qu'il y ait dans une ruche une trop grande quantité d'alvéoles de mâles, car l'élevage des ouvrières s'en ressent, et par suite les rendements en miel.

Les feuilles de cire qui portent gravées uniquement des empreintes de cellules de butineuses permettent de réduire le nombre des *faux bourdons* à l'intérieur des colonies ; de plus, elles simplifient le travail de construction des gâteaux, et permettent d'obtenir des bâtisses d'une forme irréprochable. Donc l'emploi des cires gaufrées s'impose.

Voyons maintenant quels sont les moyens les plus recommandables, les plus pratiques et les plus économiques d'arriver à ce résultat. Évidemment, le plus simple est d'acheter chez le fabricant les cires dont on a besoin ; mais, en opérant ainsi, on risque fort

d'introduire dans les ruches des cires frelatées avec
de la *paraffine*, de la *cérésine* et d'autres produits,
ce qui oblige les abeilles à construire sur des substances
d'origine minérale, qu'elles abhorrent et qui peuvent

Fig. 76. — Gaufrier à main.

provoquer des effondrements à l'intérieur des
ruches.

L'apiculteur peut s'affranchir de cette sujétion en
achetant un *gaufrier à main*, dans le genre de celui
que représente la figure 76, qui lui permettra de
fabriquer soi-même ses feuilles de cire gaufrée, avec
un produit dont il est certain de l'origine.

Le maniement en est d'ailleurs assez simple.

Gaufrier à main. — Ce gaufrier est formé de deux plaques de cuivre ou de zinc, préparées par des procédés galvanoplastiques, dont la partie supérieure (couvercle) peut se rabattre sur l'autre, et que l'on pose sur une table couverte d'un linge mouillé.

Après avoir fait fondre votre cire au bain-marie, dans une casserole, et avoir lubrifié le moule avec une solution contenant : *eau*, deux parties ; *miel*, une partie ; *alcool*, deux parties ; et l'avoir égoutté pour qu'il n'en reste pas dans les creux, vous versez, à l'aide d'une louche, une quantité de cire un peu plus grande que celle qu'il faut pour une gaufre. Aussitôt, rabattez le couvercle sur le moule, et *pressez fortement*. La cire en excédent est reversée dans la casserole, avant qu'elle se soit solidifiée, puis vous pouvez démouler et retirer la gaufre avec précautions. Lubrifiez à nouveau, et recommencez la même opération jusqu'à épuisement du contenu de la bassine.

Il peut arriver que la première gaufre soit trop épaisse, ou manque de régularité, ce qui ne se produit plus lorsque le métal est échauffé. Dans ce cas, vous la faites refondre pour la travailler à nouveau.

Avec le gaufrier à main, quelle que soit la dextérité de l'opérateur, il ne faut guère songer faire plus de 70 à 80 décimètres carrés au kilogramme de cire, ce qui est peu. Néanmoins, cette cire en excédent n'est pas perdue : elle est en partie étirée par les abeilles, pour l'élaboration des cloisons, et puis elle se retrouve dans les fontes subséquentes.

Au cas où une feuille de cire, par suite d'une fausse manœuvre, viendrait à coller, il faudrait nettoyer le moule à fond, avant de recommencer le moulage, en le brossant énergiquement au moyen d'une solution concentrée de soude bouillante.

Lorsqu'on ne veut pas faire la dépense d'un gaufrier à main en métal, qui coûte encore assez cher, on peut le confectionner économiquement, avec du plâtre, comme suit :

Gaufrier économique. — Faites deux cadres, (fig. 77), avec des liteaux de 3 à 4 centimètres d'épaisseur, auxquels vous donnez des dimensions égales à celles des feuilles à fabriquer. Ces cadres sont assemblés par des charnières, de manière que les deux morceaux puissent s'ouvrir et s'appliquer l'un sur l'autre.

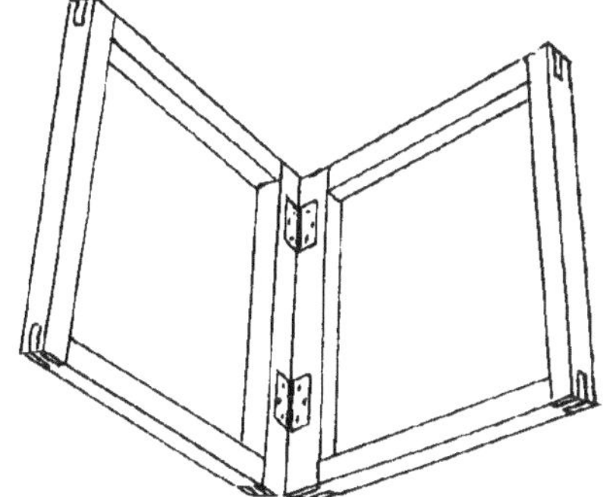

Fig. 77. — Construction d'un gaufrier économique.

Les deux cadres étant ouverts, et appliqués sur une surface plane, introduisez délicatement, dans l'un d'eux, une feuille de cire bien estampée. Du bon choix de la feuille dépend la perfection du moule.

Pour préparer la pâte, délayez une quantité de *plâtre à mouler*, ou plâtre fin de Paris, afin de pouvoir remplir, d'une seule fois, tout ce qui est compris entre la feuille et le rebord des liteaux. A cet effet, mélangez, par parties égales, le plâtre et l'eau, et agitez jusqu'à ce que la bouillie ait la consistance de la crème douce.

Avant de verser, enduisez, avec un pinceau imbibé d'un peu d'huile, le côté de la feuille qui recevra le plâtre, et faites couler ce dernier en le versant à la même place, de manière à former un cône croulant qui doit remplir les interstices, sans laisser de vides.

Lorsqu'une partie est solidifiée, faites de même pour mouler la deuxième. Ayez soin de mettre tremper pendant vingt-quatre heures dans une cuvette d'eau, avant de vous servir du moule. Opérez comme avec le gaufrier métallique.

Fabrication de la cire gaufrée au laminoir. — L'avantage des machines à cylindrer, c'est de pouvoir réduire la cire sous une très faible épaisseur, capable de fournir jusqu'à 200 décimètres carrés au kilogramme, ce qui est pratique pour le gaufrage des *sections*.

Un laminoir se compose (fig. 78), de deux cylindres tournant en sens inverse et actionnés par une manivelle et deux pignons dentés. Les rouleaux portent, gravé, le fond des alvéoles qui s'impressionnent dans la cire, et, comme on peut en régler l'écartement à volonté, on obtient les épaisseurs que l'on veut. Le plus souvent, on cherche à obtenir 8 à 9 feuilles de cire au kilogramme, pour les cadres Dadant ou Layens, de 12 décimètres carrés.

Les machines à gaufrer travaillent vite et bien,

Fig. 78. — Machine à gaufrer.

mais leur prix élevé ne les met pas à la portée des apiculteurs isolés. Rien ne les empêche cependant de se cotiser, pour acheter en commun un de ces laminoirs si pratiques.

Pour fabriquer des gaufres, vous disposez d'un certain nombre de planchettes, ayant les dimensions des feuilles nécessaires : 32 × 40 centimètres pour les

Dadant, 30 × 38 millimètres pour les Layens. Ces planchettes, en bois dur bien poli, sont rabotées en biseau sur trois de leurs tranches.

Faites d'abord fondre votre cire dans un récipient (fig. 79) chauffé au bain-marie, et plongez vos planchettes dans la cire fondue, maintenue à la température de 85° environ, après les avoir trempées auparavant dans l'eau chaude.

La planchette doit être plongée à plusieurs reprises dans la cire en fusion : 4 ou 5 fois, jusqu'à ce que la cire accolée puisse fournir des feuilles un peu plus épaisses que les feuilles laminées.

Coupez ces feuilles suivant les biseaux de la planchette, et plongez-les dans de l'eau à 25°, afin qu'elles se détachent. Mettez sécher, et recommencez la même opération jusqu'à ce que vous ayez une certaine quantité de lames de cire unies, prêtes à passer au laminoir.

Lubrifiez les rouleaux avec de l'eau de savon, et passez les feuilles successivement sous les cylindres, en ayant soin de les maintenir à la température de 35°, qui est celle où le travail se fait le mieux.

Lavez les gaufres à grande eau, pour enlever le savon, et mettez sécher. Coupez-les ensuite aux dimensions prescrites, et jetez les rognures dans la bassine.

M. Monnier recommande le remplacement de la solution savonneuse par un mélange, en parties égales, d'*alcool*, d'*eau*, de *glycérine* et de *miel*, qui ne nécessite pas de lavage subséquent.

Pose des feuilles de cire. — L'amorçage des cadres, avec des feuilles de cire entières, ne présente pas de bien grandes difficultés. Il suffit de tendre des

Fig. 79. — Trempage d'une planchette.

fils de fer très fins, tels qu'on les trouve dans le commerce, à l'intérieur des cadres.

Ces fils de fer passent dans de petits conduits, ou crampillons, que l'on enfonce dans les traverses inférieures ou supérieures (fig. 80).

Le fil de fer, arrêté à chacune de ses extrémités, est tendu le plus possible, puis l'on achève d'enfoncer

les crampillons à fond, en se servant d'un *fixe-agrafe*
ou de tout autre objet.

En mettant trois agrafes après la traverse supérieure
et deux au bas, les fils ont la forme d'un *M* renversé

Quelques apiculteurs, au lieu de placer les fils verti-

Fig. 80. — Pose des fils de fer dans les cadres.

calement, les placent horizontalement, comme on le
voit sur la figure 81 ; mais la position verticale nous
paraît préférable.

Maintenant, pour fixer les feuilles, il suffit d'être
en possession d'une planchette de 12 millimètres
d'épaisseur, qui s'engage exactement dans le cadre.
La feuille étant posée dessus, on la fixe en passant

sur le fil de fer un éperon, ou roulette, légèrement chauffé, qui le noie dans la cire.

Fig. 81. — Feuille de cire gaufrée soutenue par des fils de fer horizontaux.

On peut coller légèrement la feuille contre la traverse supérieure, en coulant un peu de cire liquide au moyen d'une burette. Dans tous les cas, la feuille doit avoir des dimensions un peu moindres que celles du cadre, en laissant un peu de vide sur les côtés et en bas, afin de permettre le jeu de la dilatation.

La photographie (fig. 82), nous montre la manière d'opérer pour fixer la cire gaufrée.

Quelquefois, lorsque l'on manque de cire gaufrée, au lieu de mettre des feuilles entières, on se contente,

Fig. 82. — Apicultrice noyant le fil de fer dans les gaufres au moyen d'un éperon Voiblet.

comme on le voit sur la figure 83, de placer dans le haut du cadre de petites bandes amorces; **mais il faut néanmoins placer les fils de fer consolidateurs**, afin que les rayons puissent résister aux chocs de l'extracteur.

Ce dispositif, qui peut être adopté sans inconvénients

pour les cadres des hausses, ne conviendrait guère
pour le nid à couvain, où l'on doit éviter les construc-

Fig. 83. — Cadre amorcé et cadre bâti.

tions en cellules de mâles ; tandis que dans le magasin
l'inconvénient n'est plus le même.

Les cellules de mâles, au contraire, permettent l'emmagasinement d'une plus grande quantité
de miel pour un même volume ; mais il faut comp-

ter sur un écartement d'axe en axe de 42 millimètres, au lieu de 38 millimètres, dimensions **adoptées dans les ruches modernes.**

La figure 83 montre également **un** cadre de hausse entièrement construit sur feuille de cire gaufrée.

CINQUIÈME PARTIE

CONDUITE ET EXPLOITATION DES RUCHES

CHAPITRE PREMIER

LA VISITE DU PRINTEMPS

Époque de la visite. — Objet. — Précautions à prendre. —
Visite des ruches à cadres. — Les ruches anormales.

Époque de la visite. — Dans les colonies pourvues
d'abondantes provisions, et ayant bien hiverné, c'est
fin janvier que la mère recommence sa ponte ; mais
cette ponte est encore peu abondante. C'est seulement en mars que l'élevage est activement poussé,
lorsque la température, devenue clémente, permet
aux abeilles d'aller chercher sur les *saules*, les *noisetiers* et les *peupliers* le pollen nécessaire à la
nourriture de leurs larves.

A ce moment, le magasin aux vivres est mis fortement à contribution, car il faut beaucoup de carbone,

autrement dit de miel, pour suffire aux besoins calorifiques de toute une ruchée d'abeilles en travail.

Il ne faut pas oublier que les colonies à court de vivres peuvent périr d'inanition en l'espace de quelques jours, lorsque le garde-manger est vide ; celles qui souffrent par pénurie d'aliments se dépeuplent, et elles ne peuvent pas récolter de miel en excédent : on les désigne sous le nom de *non-valeurs*.

Objet de la visite. — La visite de printemps a pour objet :

1º De contrôler l'état du garde-manger, pour voir dans quelle mesure on doit pratiquer le nourrissement ;

2º De vérifier la présence du couvain, prendre note de son développement, afin de pouvoir en déduire si la mère est jeune et féconde ;

3º De constater l'état intérieur de la ruche et celui des gâteaux, qui peuvent être moisis ou bons à remplacer.

Tous les attachements sont inscrits sur un carnet, en regard du numéro correspondant à la ruche. Ils sont conservés pendant toute la durée de l'année apicole.

Précautions à prendre. — Avant de visiter ses ruches, au sortir de l'hivernage, l'apiculteur examine successivement les trous de vol ; il signale comme bonnes celles où les abeilles sortent et rentrent en grand nombre sans s'attarder sur le plateau, et rapportent des pelotes de pollen bien formées. Toutes les ruches dont les ouvrières flânent sur le plateau ou s'introduisent par le trou avec hésitation, celles d'où on les voit ressortir avec leurs pelotes de pollen aux pattes, peuvent paraitre tout au moins suspectes. Nous les inscrivons telles quelles sur le carnet, ou nous pouvons les soumettre de suite à l'épreuve suivante :

Frappons un coup sec contre la paroi des ruches suspectes, et écoutons. Le *bruissement* se produit, mais, au lieu de s'arrêter brusquement, comme cela a lieu dans les colonies normalement organisées, il continue à se faire entendre en augmentant d'intensité.

Les ruches qui sont dans ce cas sont très probablement *orphelines* ou bourdonneuses ; nous devons commencer à les visiter les premières.

Visite des ruches à cadres. — Quel que soit le système de ruche en usage, l'opération reste la même ; mais, dans aucun cas, vous ne devez découvrir une ruche tant que la température n'est pas au moins de 10 à 12 degrés à l'ombre.

Pour visiter, munissez-vous d'un voile, d'un enfumoir et d'un lève-cadres, et placez-vous en arrière de la ruche, pour ne pas gêner le travail des butineuses, en vous gardant bien d'envoyer de la fumée par le trou de vol, pour ne pas désorganiser la défense.

Après avoir retiré le coussin, et quelques planchettes seulement, pour ne pas découvrir la totalité de la ruche à la fois et ne pas trop la refroidir, vous envoyez dans l'intervalle des rayons, et modérément, un peu de fumée (fig. 84.)

Il sera toujours préférable de commencer par un bout de la ruche, pour visiter tous les cadres, en activant le plus possible la manœuvre, mais sans précipitation, c'est-à-dire en évitant de buter et de laisser tomber les gâteaux.

Une minute après l'envoi des premières bouffées de fumée, les abeilles sont suffisamment gorgées de miel : vous pouvez commencer à retirer le premier cadre extrême, et le mettre provisoirement dans une ruchette. Successivement, l'un après l'autre, vous saisissez chaque cadre et le sortez de la ruche, juste ce qu'il faut pour pouvoir juger approximativement la quantité de miel et de couvain qu'il contient.

Les cadres ne doivent être découverts qu'au moment opportun ; les planchettes sont replacées aussitôt sur ceux qui ont été examinés. Enfin, lorsque tous les rayons ont été passés en revue et le dernier cadre remis en place, ayez soin de noter aussitôt sur le carnet les résultats de vos observations.

Avec un peu d'exercice, vous avez pu compter mentalement, à raison de 1 kilogramme de miel par 3 centimètres carrés de rayon bien operculé, sur les 2 faces, ou 4 kilogrammes pour un cadre de 12 décimètres carrés, quel est le stock restant en magasin.

De même, pour le couvain, il vous est facile d'en apprécier l'étendue totale.

Vous incrivez donc : *miel..*, kilos ; *couvain...* déci-

Fig. 84. — Visite des ruches au printemps.

mètres carrés ; vous ajouterez une mention spéciale concernant la population et l'état des rayons.

D'autre part, si certains cadres, mal bâtis ou trop noirs, vous paraissent devoir être remplacés, vous

10.

profiterez de l'occasion pour le faire, en substituant aux cadres vides à réformer de belles feuilles de cire gaufrée.

Au cas où l'une des colonies visitées ne contiendrait ni larves ni couvain, c'est qu'elle est probablement *orpheline*. Dès lors, elle est vouée à une perte certaine si l'on ne vient pas à son secours. Il faut examiner les cadres avec attention (fig. 85).

Si la ruche est populeuse, bien pourvue de provisions, vous pouvez lui fournir une mère étrangère, d'importation, que vous faites venir dans ce but (voir plus loin l'introduction des mères), ou bien en essayant de lui en faire élever une, en lui fournissant un cadre contenant du couvain, des larves et des œufs de tout âge, et, quelle que soit l'époque avancée à laquelle on opère, il se trouve presque toujours des mâles pour féconder les femelles. Il n'y a guère d'échecs à craindre qu'avec les ruches faibles.

Les ruches anormales. — Lorsque les ruches ne contiennent que du couvain de mâles et qu'elles sont réellement *bourdonneuses*, il n'y a qu'une chose à faire : c'est de retirer tous les cadres, en brossant les abeilles sur le plateau, en plein soleil, afin qu'elles puissent aller demander l'hospitalité dans les ruches voisines, qui les accueillent généralement bien.

Quant aux ruches faibles en population, et pauvres en vivres, il vaut mieux les réunir deux à deux, ou trois à trois, suivant les cas, pour être certain d'en retirer

Fig. 85. — Examen d'un cadre (Hommell).

quelque profit, en se rappelant que ce n'est pas le nombre des unités qui fournit les forts rendements en miel, mais la qualité de ces dernières (Voir les réunions).

Il arrive parfois qu'une ruche, à la première visite de printemps, ne possède pas encore de couvain, parce que la mère n'a pas commencé sa ponte, mais le cas est rare ; cependant, avant de pourvoir à son remplacement, il faut exécuter une deuxième visite, une huitaine de jours après la première : si réellement la femelle est encore en vie, le dérangement occasionné la poussera tout naturellement à pondre, et l'on devra y trouver du couvain.

D'une façon générale, nous pouvons considérer comme bonne une ruche dont les abeilles occupent cinq à six grands cadres Layens ou Dadant, ainsi que si elle possède encore 10 à 12 kilogrammes de miel. A cette époque, il est encore trop tôt pour scinder le nid à couvain, et, lors de la visite, il faut le laisser intact ; mais on peut éloigner les cadres contenant du miel, et les remplacer par des cadres vides, plus propices pour la ponte. Par la même occasion, il est recommandable de désoperculer quelques décimètres carrés de provisions pour provoquer un *nourrissement stimulant*.

Les entrées des ruches, qui avaient été réduites à 3 ou 4 centimètres, lors de la visite, sont replacées à 8 ou 10 centimètres d'ouverture quand le calme est rétabli au rucher.

En même temps que la visite du printemps, on pratiquera le nettoyage des plateaux ainsi qu'il suit :

Fig. 86. — Nettoyage des plateaux au printemps.

chaque ruche est enlevée de son tablier et déposée à terre sur un plateau provisoire. Avec une raclette on enlève les abeilles mortes et tous les déchets d'opercules, comme le montre la figure 86, puis on remet la ruche à sa place.

CHAPITRE II

LE NOURRISSEMENT

Le nourrissement stimulant. — Son utilité. — Préparation **du**
sirop. — Sa distribution. — Nourrissement à la pâte. — **Le**
nourrissement à distance. — Le pollen artificiel et l'**abreuvage**
des abeilles.

Le nourrissement stimulant. — L'apiculteur
prévoyant ne met jamais ses abeilles en hivernage
sans leur laisser une quinzaine de kilogrammes **de**
miel, et, si cette quantité n'est pas atteinte, il la parfait avec du *sirop de sucre*.

En admettant même que les abeilles aient suffisamment de vivres pour atteindre la grande miellée,
le *nourrissement printanier* s'impose dans la majorité
des cas, car c'est lui qui pousse la ponte avec activité
et rend les ruches populeuses. *Aux ruches populeuses, les forts rendements* : c'est un axiome univer-
sellement admis.

Avec le *nourrissement stimulant*, même en
mauvaise année, on récolte néanmoins du miel ; tandis
que les abeilles abandonnées à elles-mêmes, avec
l'excès de prévoyance qui les caractérise, restreignent
leur élevage quand le temps est peu propice, et

n'ont pas assez de butineuses pour récolter le nectar des fleurs que des jours trop courts mettent à leur disposition.

Donc, nourrissons. Nourrissons parce que l'apiculteur est toujours rémunéré largement de son temps et de ses dépenses. D'ailleurs, c'est un travail peu besogneux : il suffit de fournir aux colonies non nécessiteuses un peu de sirop de sucre, par exemple $1^{kg},500$, en trois fois, à huit jours d'intervalle. En désoperculant en outre, lors de la visite de printemps, un fragment de rayon de miel, cela fait un total de quatre nourrissements qui sont du meilleur effet.

Préparation du sirop. — Préparez le sirop ainsi qu'il suit :

Dans une bassine émaillée, mise sur un feu doux, faites dissoudre du sucre cristallisé dans de l'eau, en mettant comme proportions 2 kilogrammes de sucre pour 1 litre d'eau. Lorsque le sirop est en ébullition, laissez mijoter, pour réduction, pendant une dizaine de minutes. Si vous avez eu soin de mettre un peu de miel dans le sirop, ne serait-ce qu'un kilogramme pour 10, soyez persuadé que le sirop ne cristallisera pas, ni dans le nourrisseur, ni dans les alvéoles.

On recommande bien, pour empêcher la cristallisation, l'addition de sel et de vinaigre ; mais ces substances ne sont efficaces qui si l'on augmente la proportion d'eau, et si on la porte à 0,75 pour 1, ou encore à 1 pour 1 du poids du sucre.

A défaut de miel nous préconisons l'emploi d'une quantité de mélasse sensiblement égale à celle du miel.

Les distributions de sirop se font dans les nourris-

Fig. 87. — Mise en place d'un nourrisseur Doolittle.

seurs que nous avons décrits, mais seulement le soir, pour éviter le *pillage*. De plus, les ruches nourries doivent avoir leurs entrées réduites à 2 ou 3 centimètres d'ouverture. Les paniers sont alimentés, par le dessous, avec du sirop placé dans un plat ou une assiette et recouvert de rondelles de bouchons.

Les figures 87 et 88. nous montrent des apiculteurs occupés à fournir du sirop de sucre à leurs abeilles.

Nourrissement à la pâte. — Il se fait, dans le

Fig. 88. — Pose d'un nourrisseur Hill.

courant de février et de mars, sur les colonies que l'on sait à court de vivres, et dont on a négligé de compléter les provisions lors de la mise en hivernage. C'est, au pis-aller, une ressource pour les imprévoyants, qui peut empêcher les abeilles de mourir de faim.

La pâte pour le nourrissement d'hiver se fait en mélangeant 2 kilogrammes de *sucre en poudre,* avec 1 kilogramme de *miel liquide*. On le distribue sur les cadres habités par les abeilles, comme une galette, après avoir écarté l'une des planchettes de recouvrement. En employant deux kilogrammes de cette pâte, les colonies nécessiteuses peuvent attendre le retour des beaux jours et les distributions du sirop de sucre.

Nourrissement à distance. — Un certain nombre de fixistes le pratiquent d'une façon empirique et dangereuse lorsqu'ils font lécher les récipients qui leur ont servi à presser les gâteaux et à épurer le miel.

Mais ce mode de distribution occasionne au sein des colonies un énervement qui peut provoquer un commencement de pillage, et les abeilles, grisées par l'odeur du butin, cherchent à s'introduire chez leurs voisines, dans le but de leur voler leur miel, et des batailles en règle s'engagent.

. Ce n'est pas ainsi que les choses doivent se passer. Le nourrissement à distance *doit être fait sur une seule colonie à la fois*, ou, tout au moins, au même endroit, ainsi qu'il suit :

Lorsque vous avez jugé qu'une colonie devait être nourrie au printemps, ou plutôt à l'arrière-saison, dans le but de compléter ses vivres, vous installez un récipient à miel ou à sirop, par exemple un large plateau peu profond, pourvu de liteaux ou de fétus de paille, qui empêcheront les abeilles de se noyer, dans un endroit un peu écarté et abrité. Sur un morceau de gâteau, coulez un peu de sirop, et présentez-le sur le devant de la ruche à nourrir : les butineuses qui l'apercevront viendront y pomper le liquide sucré. Lorsque vous jugerez qu'elles y sont en nombre suffisant, vous transporterez le fragment de rayon, avec les abeilles qu'il porte, à l'endroit où vous avez établi votre nourrisseur, en ayant soin de les emprisonner provisoirement au moyen d'une serpillière

Que va-t-il se passer ? Les abeilles gorgées de sirop retourneront à leur ruche, après avoir pris des points de repère, pour y déposer leurs provisons, puis elles reviendront à la charge en amenant avec elles d'autres butineuses de leur colonie.

A partir de ce moment, l'amorçage est fait : le va-et-vient se continuera jusqu'à épuisement complet des vivres, et assez tard dans la nuit. Pour peu que la colonie soit populeuse, on peut faire transporter ainsi, dans une seule ruche, 3 à 5 kilogrammes de sucre en une seule journée, et ce sirop se trouvera emmagasiné à un endroit convenable, sans que l'on ait été obligé d'ouvrir la ruche et de troubler les colonies.

Il est d'ailleurs facile de contrôler et de vérifier la marche du nourrissement, en examinant l'entrée de la ruche alimentée. On peut même nourrir simultanément 2 ou 3 ruches différentes, en les amorçant séparément dans des endroits isolés. Au cas ou l'on s'apercevrait, par l'animation inopinée du plateau, qu'une colonie étrangère a découvert le pot aux roses, il faudrait, pour éviter les représailles, suspendre le nourrissement.

Quand on passe d'une colonie à une autre, il faut changer le buffet de place, car les *rôdeuses* des colonies nourries, avec la bonne mémoire qui les caractérise, ne tarderaient pas à venir faire bombance à nouveau, au détriment de leurs voisines.

Pollen artificiel, abreuvage des abeilles. — Dans les régions de grande culture, où les arbres et arbustes tels que *saules*, *noisetiers*, *peupliers*, *conifères*, etc., font défaut, il est recommandable de fournir aux abeilles des farines de seigle, pois ou fèves, etc., qui remplacent le pollen naturel dans l'élevage du couvain. Dans ce but, les apiculteurs avisés déposent, dans des caissettes munies de liteaux, dans un endroit ensoleillé et abrité, des farines que les abeilles vont chercher pour confectionner leurs pâtées, en remplacement de la substance azotée contenue dans le pollen.

Les objections formulées au sujet des farines, concernant l'introduction de la *loque* dans les ruches, ne sont pas fondées, car les abeilles délaissent cet aliment artificiel dès qu'elles ont du pollen à leur disposition.

Quant à l'abreuvage des abeilles, il est évident qu'il rend de signalés services aux butineuses. On le rend plus efficace en mélangeant dans l'eau une petite portion de miel, et en y jetant quelques petites pincées de sel de cuisine que les abeilles recherchent avidement au printemps.

CHAPITRE III

LE TRANSVASEMENT DIRECT

Avantages de cette méthode. — Préliminaires du transvasement.
— Première phase, l'enfumage. — Le tapotement. — Pose des
vieilles bâtisses. — Mise en place de l'essaim.

Avantages de cette méthode. —Le tranvasement
direct est le mode de peuplement le plus expéditif; il
est recommandable lorsque l'on veut retirer un profit
immédiat des ruches à cadres. Il y a bien l'inconvénient des vieilles cires que l'on introduit dans les
colonies transvasées; mais, en prenant les précautions
que nous allons énumérer, on peut le rendre très peu
sensible. D'ailleurs, les dégâts que l'on cause aux
bâtisses communiquent aux ouvrières une recrudescence d'activité qui a un bon côté économique.

L'époque favorable aux transvasements directs varie
avec les régions et les flores locales, bien que l'on
puisse les pratiquer pendant tout le cours de la belle
saison, sauf toutefois après la deuxième miellée, mais
il vaut mieux l'exécuter dans le courant d'avril, par une
journée ensoleillée, avant que les abeilles aient

emmagasiné une trop grande quantité de miel liquide dans les cellules.

Préliminaires du transvasement. — En premier lieu, il faut préparer les cadres de la ruche destinée à recevoir l'essaim et les gâteaux. A cet effet, munissez de cire gaufrée un certain nombre de cadres : 6 ou 8 pour une ruche Dadant, 10 ou 12 pour une Layens, et munissez 4, 5 ou 6 cadres, suivant la capacité du panier, de ficelles, ainsi qu'il suit :

Décordez de la ficelle de moyenne grosseur, déjà usagée, de manière à séparer les brins, puis, lorsque vous en avez une longueur suffisante, enfoncez à demi, sur l'une des tranches des deux montants **des cadres**, des pointes de tapissier à tête large — quatre sur chaque montant suffisent.

Embrassez avec la ficelle, successivement et en diagonale, comme on le voit sur la figure 89, les pointes de tapissier, de façon à obtenir un réseau de ficelles qui maintiendra d'un côté les fragments de rayons, puis achevez d'enfoncer les pointes à fond d'un coup de marteau. Amorcez également, sur l'autre face, les pointes, et préparez la longueur de ficelle qui servira à la fermer. Au cas où vous auriez plusieurs transvasements à faire dans la même journée, il serait prudent, pour éviter le *pillage*, d'opérer en local clos.

Avec la ruche préparée comme nous l'avons dit, vous vous munirez d'un voile, d'un couteau à désoperculer, d'un marteau, d'un enfumoir, d'un panier vide, de deux petits bâtons, et vous pourrez vous mettre à l'ouvrage, lorsque la température se sera adoucie, entre dix heures du matin et deux heures de l'après-midi.

Première phase. — L'enfumage. — La ruche

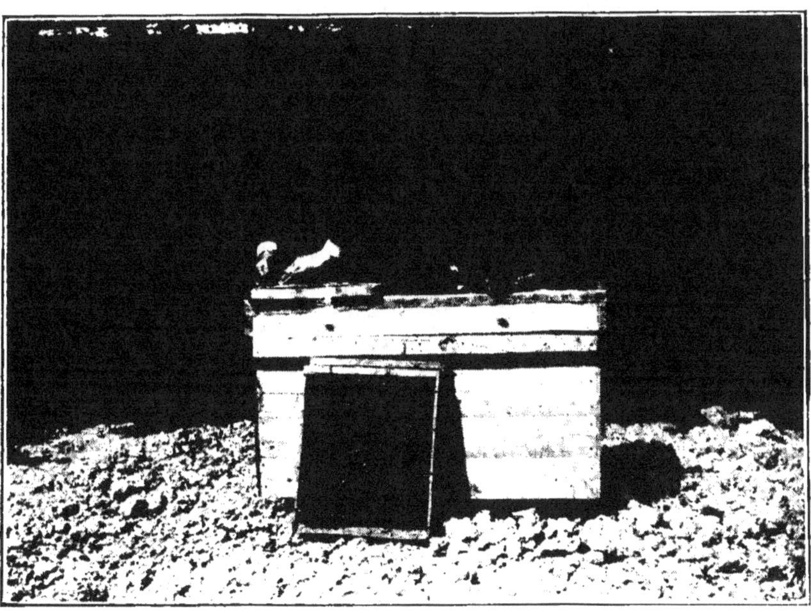

Fig. 89. — Apiculteur fixant les vieilles bâtisses dans un cadre.

vulgaire se trouvant sur le plateau destiné à la ruche à cadres, commencez à l'enfumer, comme il a été dit au sujet de la visite, sans exagération, pour provoquer le bruissement, et attendez cinq minutes afin que les abeilles se gorgent de miel.

Deuxième phase. — Le tapotement (fig 90). —

Saisissez la ruche, mettez son capuchon à sa place, et
transportez-la en plein soleil, à un endroit un peu
écarté, en la retournant. Ce panier étant appuyé
contre un objet quelconque, la tête piquée en terre,
mettez une ruche vide par-dessus, n'importe comment

Fig. 90. — Chasse ou tapotement des abeilles.

pourvu qu'elle tienne d'elle-même, si vous n'avez
pas le concours d'un aide, et *tapotez* avec les mains
sur le panier, puis avec les bâtons, en alternant et de
bas en haut, afin d'effaroucher les abeilles et de les
obliger à émigrer en masse dans le panier vide. Le
déménagement impromptu se perçoit facilement, par

le bruit des ailes battues à l'unisson, lequel ressemble à celui d'un ventilateur. Quand le bruissement devient à peine perceptible, c'est que les abeilles se

Fig. 91. — Inspection du drap noir pour voir si la mère a laissé tomber des œufs.

sont groupées en essaim au-dessus de la ruche vide.

Dès lors, placez le panier qui les contient sur un drap noir. Si la mère est avec l'essaim, vous pouvez distinguer (fig. 91) presque aussitôt, sur le drap, des

11.

œufs ressemblant à ceux des mouches à viande.

Troisième phase. — Pose des vieilles bâtisses. — Découpez d'abord, en vous servant d'un grand couteau, les rayons du panier ; s'ils sont maintenus par des croisillons transversaux, enlevez ces derniers.

Efforcez-vous de détacher ces gâteaux en gros morceaux, en détériorant le couvain le moins possible, puis posez-les délicatement sur le plateau qui sert de table d'opération.

Choisissez les plus belles bâtisses, en commençant par celles qui contiennent le couvain, et disposez-les méthodiquement dans les cadres, en laissant le moins de vides possible, comme s'il s'agissait de construire une mosaïque à sec.]

Observez pour les cellules leur position naturelle, jetez avec les déchets les cires construites en alvéoles de mâles, et, dès qu'un cadre est bien rempli, saisissez le bout libre de la ficelle, embrassez successivement les pointes de tapissier, incomplètement enfoncées, arrêtez-la à la dernière, puis achevez d'enfoncer les pointes à fond.

Les cadres contenant le couvain, le miel et les belles bâtisses sont placés aussitôt au centre de la ruche s'il s'agit d'une ruche verticale, et à une de ses extrémités avec la ruche Layens.

Quatrième phase. — Mise en place de l'essaim (fig. 92). — La ruche à cadres étant remise sur l'ancien plateau, après avoir découvert l'une des extrémités, saisissez le panier d'une main et l'enfumoir allumé de l'autre, puis frappez-le sur le rebord de la ruche, d'un petit coup sec, afin de détacher l'essaim et le faire tomber au fond de cette dernière.

Fig. 92. — Apiculteur faisant passer un essaim, par le dessus dans une ruche à cadres.

Un peu de fumée envoyée avec à-propos, et modérément, dirige la gent abeillère vers son couvain transvasé qu'elle réchauffe aussitôt. Ajoutez les cadres garnis de feuilles gaufrées, replacez les planchettes, le coussin, le toit, restreignez l'entrée à 2 centimètres, et l'opération est terminée. Les abeilles racommoderont leurs gâteaux, en construiront d'autres, et la ponte ne subira aucun retard.

Tout débutant, un peu familiarisé avec les abeilles et jouissant déjà d'un certain sang-froid, peut entreprendre seul un transvasement direct; quant aux autres, ils feront bien de s'assurer le concours d'un praticien expérimenté qui les initiera aux tours de main du métier, variant d'ailleurs avec les apiculteurs. Dans aucun cas, cependant, nous ne leur conseillerons de provoquer la rentrée de l'essaim par l'entrée, parce que ce procédé est trop long et trop capricieux, pas plus que de fixer les rayons avec des fils de fer, aux lieu et place des ficelles, rapport aux ennuis suscités par leur enlèvement ultérieur ; les ficelles, au contraire, sont effilochées brin par brin par les abeilles, et rejetées au dehors sans que l'on ait à s'en occuper.

CHAPITRE IV

LES RÉUNIONS

But des réunions. — Précautions à prendre. — Manière de procéder au mariage des colonies. — Réunion des ruches vulgaires. — Rapprochement progressif.

But des réunions. — Les *réunions* ou *mariages* de deux ou d'un plus grand nombre de colonies se font surtout au printemps, ou vers la fin de l'année mellifère, avec les ruchées peu peuplées, et celles qui, à court de vivres, ne peuvent pas être nourries. Pendant la période active des travaux, on fait souvent des réunions de ruchettes et des mariages d'essaims.

Dans tous les cas, lorsqu'on réunit deux colonies normales, l'une des deux mères, généralement la plus vieille, est vouée à une perte certaine : elle est tuée par sa rivale, dans un duel acharné qu'elles se livrent en présence des deux camps ennemis en pleine hostilité.

Précautions à prendre. — Mais les réunions ne se font pas toujours sans effusion de sang. Souvent, les deux colonies, avec leur entêtement systématique à vouloir conserver leur mère propre, engagent une lutte, parfois mortelle pour bon nombre de combattantes, qui se transpercent de leur aiguillon, et l'odeur du venin répandu, comme celle de la poudre, communique aux populations voisines une frénésie de luttes épiques et d'épopées sanglantes.

Il convient donc, chaque fois que l'on veut marier des ruchées, de prendre certaines précautions que nous allons signaler.

· Soient deux populations d'abeilles, pesant seulement un demi-kilogramme, ce qui représente environ cinq mille individus. Ces deux colonies, abandonnées à leur propre force, récolteront péniblement leur subsistance, tandis que, réunies deux à deux, elles pourront ramasser 15 à 20 kilogrammes de miel en excédent, qui seront d'un profit immédiat pour l'apiculteur.

De même, à l'arrière-saison, deux colonies à court de vivres, et peu peuplées, auront beaucoup de peine à passer l'hiver sans encombre, car elles ne pourront pas fournir le degré thermique qui les empêchera de tomber d'inanition, tandis qu'en les réunissant on arrive à les sauver de la misère et de la ruine.

Mode opératoire. — Pour marier deux ruches, choisissez toujours une belle journée, et commencez par anesthésier chacune d'elles, en introduisant sur les plateaux, par le trou de vol, et après enfumage, deux ou trois petits tampons de *ouate* imbibés d'*éther*.

Au bout de quelques minutes, faites passer tous les cadres d'une des ruches, contenant le couvain et le miel, et portant en outre les abeilles, dans une

Fig. 93. — Réunion de deux ruches vulgaires.

ruchette portative, puis introduisez-les dans la ruche destinée à les recevoir, en les alternant avec ceux de cette dernière.

Enfumez copieusement après la réunion : les abeilles,

dans l'impossibilité où elles sont de pouvoir se reconnaître et se livrer bataille, prennent le parti de se réunir. L'une des mères est détruite, et la paix se fait tout naturellement.

Certains apiculteurs qui pratiquent les réunions font eux-mêmes la suppression des mères supplémentaires, et conservent celle qu'ils pensent être la meilleure : l'expérience nous ayant appris que l'on ne fait pas toujours un choix bien judicieux des femelles, et que, d'autre part, la recherche n'en est pas toujours très facile, surtout lorsque l'on veut opérer avec rapidité, pour ne pas refroidir le couvain, nous pensons qu'il vaut mieux abandonner les abeilles à leur instinct et les laisser faire.

Réunions de ruches vulgaires. — Les réunions de ruches vulgaires se font surtout à l'arrière-saison, et plus rarement au printemps :

Voici la manière de procéder : Après avoir communiqué aux deux colonies la même odeur au moyen de tampons de ouate imbibés d'éther, on prend la ruche la plus faible, ou la moins lourde, et on la place, renversée, dans une excavation creusée dans le sol. Le deuxième panier est mis sur le premier, et maintenu au moyen de quelques ligatures de fils de fer, passées dans le clayonnage, au voisinage de leur tranche inférieure.

Le capuchon est replacé sur la ruche normale; puis le tout est maintenu (fig. 93) par un pieu fiché en terre, et portant des embrasses — liens ou harts — capables de résister à la poussée du vent.

Quand les abeilles des deux colonies ont à leur disposition un pont, lequel consiste, en la circonstance, en un simple morceau de gâteau qui met en communication les bâtisses inférieures avec les supérieures, si la jonction des deux paniers est faite avec de la glaise, de façon qu'il y ait une entrée commune, les abeilles du bas se joindront bien vite avec celles du haut, et, toutes ensemble, elles transportent la totalité de leurs provisions à l'étage supérieur.

Rapprochement progressif. — Dans les réunions, pour ne pas perdre d'abeilles, il est nécessaire de rapprocher progressivement les colonies à réunir de 50 centimètres à un mètre tous les jours, jusqu'à ce qu'elles se touchent. De cette manière, les butineuses des deux ruches, familiarisées avec leur situation, rentreront dans l'habitation commune qui leur est offerte, et il ne s'en égarera pas.

CHAPITRE V

L'ESSAIMAGE ARTIFICIEL

Bénéfices de cet essaimage. — Manière de procéder. — Prise de l'essaim. — Peuplement par essaimage simple. — Essaimage avec ruches à cadres. — Essaimage par la méthode Vignole. — Méthode Vignole modifiée, souche sur souche.

Bénéfices de l'essaimage artificiel.—Comme son nom l'indique, l'essaimage artificiel a pour objet de provoquer, d'une façon artificielle, la formation d'un essaim, que l'on emploiera ensuite au peuplement d'autres ruches, à cadres ou vulgaires.

Cette méthode forcée du dédoublement des colonies avait paru suspecte aux apiculteurs du commencement du XIXe siècle ; mais aujourd'hui, grâce aux travaux d'Hamet, de Vignole, de Voirnot, etc., elle est devenue d'une pratique courante.

Si l'on reproche à *l'essaim artificiel* de ne pas être si actif, si prompt à se mettre au travail que *l'essaim naturel*, au début de sa migration, en revanche, il a l'avantage de paraître au moment favorable, où les ressources de la flore ne sont pas épuisées, tandis que les essaims naturels, huit fois sur dix, se produisent trop tard ; ils ont toutes les peines du monde à ramasser les provisions suffisantes pour passer l'hiver.

Manière de procéder. — Pour pratiquer l'essaimage artificiel avec succès, il faut :

1° *Être en possession de ruches vulgaires populeuses, pourvues d'un couvain abondant ;*

2° *Opérer avec l'aide de deux paniers, et par une belle journée ;*

3° *S'emparer de l'essaim quelques jours avant l'époque de la miellée, qui varie d'ailleurs avec les régions.*

En général, l'essaimage artificiel se pratique dans la deuxième quinzaine d'avril, un peu plus tard dans le nord de la France, et plus tôt dans le midi.

Choisissez une belle journée où les abeilles sont très actives, et, après avoir remarqué deux bonnes ruches vulgaires, vous enfumez la meilleure pour la retirer de son plateau, puis vous mettez son capuchon à sa place.

Prise de l'essaim. — A quelques mètres de là, exécutez la chasse ou le tapotement, comme il a été dit, et vérifiez la présence de la mère dans l'essaim, au moyen du drap noir.

Le panier chassé ne contient plus que quelques abeilles, avec la totalité du miel et du couvain ; vous le portez à la place de l'autre ruche, que vous enlevez subrepticement pour la porter sur un nouvel emplacement.

Vous êtes maintenant en possession d'un essaim qui peut servir au peuplement d'une ruche quelconque ; le panier tapoté recevra une partie des abeilles de celui que vous avez permuté, lesquelles prendront soin du couvain abandonné. D'ailleurs, les naissances journalières auront tôt fait de lui fournir une population abondante. En même temps, cette colonie *orpheline* se mettra à élever de nouvelles mères, et il peut arriver qu'un *essaim secondaire* se produise à partir du seizième jour, ce que l'on doit surveiller.

Le panier permuté, ayant perdu une partie de ses travailleuses, boude lui-même pendant quelque temps ; souvent il tue ses mâles. Quoi qu'il en soit, généralement, au bout de huit jours, il a repris son activité première.

Peuplement par essaimage simple. — Il peut se pratiquer sur des ruches à cadres ou des paniers.

Soient les deux ruches vulgaires A et B.

$$O_A \qquad O_B$$

Après tapotement de A et permutation avec B, la nouvelle ruche C prend la place de cette dernière, et le dispositif devient le suivant :

$$O_C \qquad O_A \qquad O_B$$

Le panier G est la nouvelle ruche peuplée.

Essaimage artificiel avec des ruches à cadres. — On le pratique lorsqu'on veut augmenter le nombre des colonies d'un apier, lorsqu'on ne possède pas une pépinière de ruches vulgaires, ou que l'on ne veut pas acheter d'essaims. De toute évidence, ce mode de dédoublement est préjudiciable à la récolte.

Soient deux bonnes ruches à cadres A et B, très actives, très peuplées, et pourvues d'un couvain abondant.

Par une belle journée, approchons la ruche vide C de la ruche A. Enfumons A, et prenons-lui un certain nombre de cadres contenant du couvain et du miel, par exemple la moitié de ses larves et de son couvain, ainsi que la moitié de ses provisions, soit cinq ou six cadres, brossés préalablement pour éviter l'apport des abeilles.

Les cadres de A sont resserrés; achevons de remplir son corps de ruche avec des cadres gaufrés, ainsi que C.

Transportons maintenant C à la place de B alors que les butineuses de cette ruche sont en pleine activité, et replaçons cette dernière sur un nouveau plateau, à 10 mètres au moins de son ancien emplacement. La disposition primitive qui était :

⊏ A   B ⊐

est devenue :

⊏ A   C ⊐   B ⊏

Les abeilles de B, au retour des champs, ne trouvent plus qu'une ruche contenant du miel et du couvain; mais leur attachement pour leur progéniture les porte à lui donner des soins, et elles se mettent en demeure d'élever une nouvelle mère.

Essaimage artificiel par la méthode Vignole. — Soient les deux paniers bien mouchés A et B qui vont nous servir à faire des essaims (fig. 94).

Première opération. — Choisissez une belle journée, alors que les abeilles sont très actives. Enfumez le panier A ; pour le mettre en bruissement, placez le capuchon à sa place pour recueillir les butineuses, et tapotez-le. L'opération réussie, transportez le panier A′, qui contient l'essaim, à la place de A, tandis que la souche vient à la place de B et que B est mis sur un nouvel emplacement.

Deuxième opération. — C'est treize jours après qu'il faut l'exécuter, ni plus ni moins.

A cette date, chassez à nouveau la permutée A, ce qui vous donnera un essaim A″ pourvu d'une jeune mère, que vous mettrez à la place de la ruche A, pendant que cette dernière reprend encore le siège du panier B, qui est déplacé une deuxième fois.

En opérant de cette manière, on évite la formation des essaims *secondaires* et *tertiaires* de la souche, ainsi que son orphelinage. La ruche B, déplacée, et perdant constamment ses butineuses, n'essaimera pas. Vingt-quatre jours après la première opération, la ruche A est tapotée à nouveau, et à fond : tout le couvain étant éclos, même celui des mâles, elle peut être récoltée facilement.

Si le dernier trévas est volumineux, vous pouvez l'utiliser pour peupler une ruche à cadres ; dans le cas contraire, il peut servir à renforcer une colonie faible.

Méthode Vignole modifiée, ou souche sur

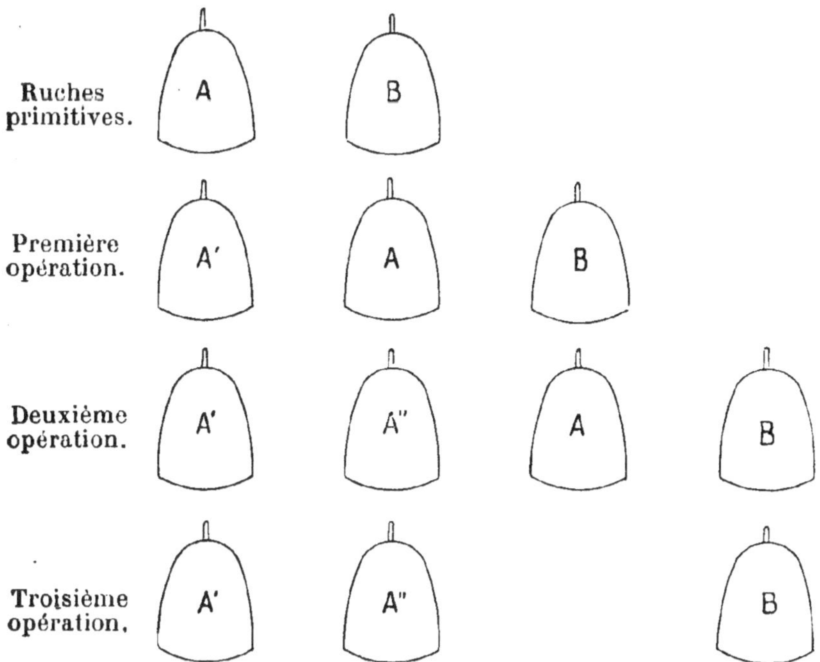

Fig. 94. — Essaimage par la méthode Vignole.

souche. — Cette méthode est très usitée dans l'Aube, où les ruches sont à dessus plat mobile, permettant la réunion, souche sur souche, au moyen de simples agrafes.

Opérez avec trois ruches, A, B, C, comme suit (fig. 95).

Premier temps. — Tapotez A et B, et mettez les essaims séparément, à la place des ruches souches dont ils proviennent. Les deux colonies tapotées sont réunies l'une sur l'autre, le couvercle de celle du bas ayant été retiré, à la place de C, et le dispositif devient celui de la figure 95 (première opération).

Treize jours après, exécutez le tapotement des deux souches, logez l'essaim obtenu dans une ruche vide,

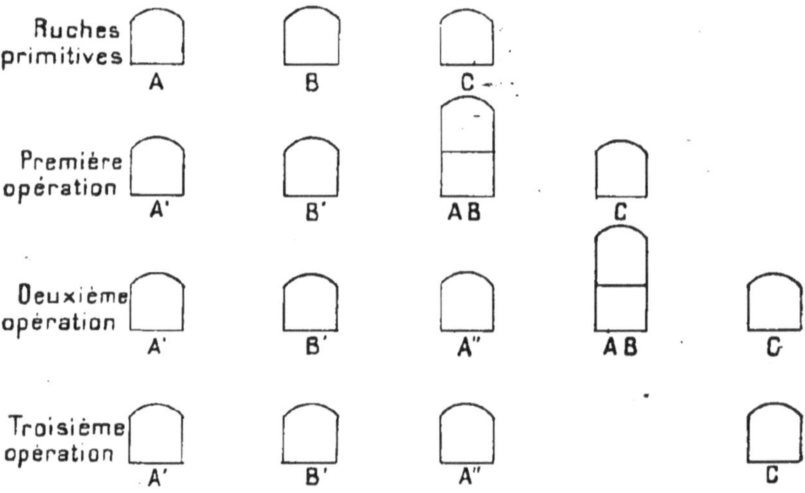

Fig. 95. — Essaimage Vignole modifié, ou souche sur souche.

à l'emplacement qu'il occupait, et reportez le double panier AB à la place de C, qui est reporté plus loin. Le deuxième essaim est A".

Au bout de vingt-quatre jours AB est récolté.

Si les essaims primaires A' et B' ont été faits en bonne saison, ils peuvent, en année mellifère, remplir une hausse la première année, ainsi que l'essaim A" B", toujours très populeux. Quant à la permutée, qui l'a été deux fois, il n'y a pas d'essaimages à craindre.

CHAPITRE VI

L'ESSAIMAGE NATUREL

MANIÈRES DE L'EMPÊCHER

Comment il se produit. — Sortie des essaims. — Prises des essaims bas, difficiles. — Il faut savoir prévoir le départ des essaims. —Comment empêche-t-on l'essaimage ?

Comment il se produit. — L'essaimage naturel est l'unique mode de propagation des abeilles conduites d'après l'ancienne méthode ; aussi les apiculteurs fixistes en attendent-ils le moment avec impatience, et surveillent-ils avec un soin jaloux la sortie des essaims qui leur permettront de peupler de nouveaux paniers.

Au contraire, les propriétaires de ruches à cadres, qui tiennent avant tout à récolter beaucoup de miel, font les plus grands efforts pour restreindre l'essaimage, et ils y arrivent dans une certaine mesure, comme nous allons le voir dans un prochain chapitre.

Dans le dédoublement naturel des colonies, la vieille mère émigre avec une partie de la population — ouvrières et mâles — puis, aussitôt après son départ, il éclôt une nouvelle mère.

Au moment où l'essaim quitte sa ruche, on entend un bruissement caractéristique, puis on voit tourbillonner en l'air des milliers d'abeilles qui obscurcissent le ciel. Tout à coup, sur un signe de ralliement secret, toute la gent abeillère vient se grouper au même endroit, généralement après une branche ou un tronc d'arbre, dans un buisson, et parfois à même le sol.

Sortie des essaims. — La sortie des essaims naturels se fait à partir du 15 mai jusqu'à fin juin ; dans le cas de miellées tardives, comme celles de la *bruyère* et du *sarrasin*, elle peut encore se produire en septembre.

Le premier essaim qui sort d'une ruche est appelé *essaim primaire*, et, le plus souvent, il a à sa tête une vieille mère. Quant il est pourvu d'une jeune femelle, c'est qu'il y a eu renouvellement impromptu, par suite de la mort accidentelle de l'ancienne mère ; dans ce cas, l'essaim est dit de *chant*.

Les essaims primaires se rassemblent généralement au voisinage de leur habitation, tandis que les essaims *secondaires*, *tertiaires*, etc., de plus en plus petits, sont très volages, et il est parfois difficile de les arrêter.

Il arrive même, certaines années, que les colonies subissent une véritable *fièvre d'essaimage*, qui les porte à se dédoubler constamment, et il en résulte un épuisement exagéré des souches. Celles-ci arrivent, en fin de compte, à ne plus posséder qu'une poignée d'abeilles qui auront toutes les peines du monde à passer l'hiver sans encombre.

A ce sujet, le meilleur moyen d'éviter l'épuisement des souches, c'est de mettre en pratique les bonnes méthodes Vignole que nous avons exposées.

Fig. 96. — Apiculteur s'emparant d'un essaim suspendu à une branche.

Prise des essaims. — L'essaim naturel sort par un temps calme, chaud et ensoleillé, entre neuf heures du matin et trois heures de l'après-midi. Lorsque les abeilles tardent à se réunir et continuent à tournoyer, c'est qu'il s'agit d'essaims secondaires ou tertiaires : il faut leur envoyer de la poussière de terre, ou les

rayons réfléchis d'un miroir, pour activer leur rassem-
blement.

La prise d'un essaim se fait facilement, lorsqu'il
s'est posé à terre, dans un endroit découvert, puisqu'il
suffit de le coiffer avec une ruche vide, en enfumant
modérément pour le faire monter. Il en est de même,
lorsqu'il s'est suspendu après une branche basse
d'arbre fruitier (fig. 96), car il suffit d'une petite
secousse pour le faire tomber dans une ruche vulgaire.
Cette ruche est placée au pied de l'arbre, sur une cale,
et recouverte d'un linge mouillé ou d'un paillasson,
afin que les abeilles ne soient pas gênées par l'excès
de chaleur, et ne cherchent pas à émigrer à nouveau.

Cas difficiles. — Mais lorsque l'essaim s'est posé
dans l'enfourchement de deux grosses branches, ou
sur un arbre élevé, il est toujours plus difficile de s'en
emparer. Le mieux, en l'occurrence, c'est encore de se
servir d'une petite caissette, contenant un morceau
de gâteau amorce, que l'on attache un peu au-dessus
de l'essaim, et dans laquelle on oblige les abeilles à
monter, en enfumant légèrement. Pour les essaims
très élevés, on peut se servir d'un *cueille-essaims*,
sorte de filet fixé au bout d'un long manche.

Comment prévoir le départ des essaims. —
Une ruche qui a donné un essaim primaire, pour peu
que le temps soit favorable et la miellée abondante,
donnera généralement un essaim secondaire huit jours
après le premier, et un tertiaire trois ou quatre jours

Fig. 97. — Mise d'un essaim dans une ruche à cadres (Hommell).

12.

après le deuxième. On peut prévoir la sortie de ces essaims en prêtant une oreille attentive aux bruits de la ruche, surtout le soir, à la tombée de la nuit. Si l'on entend des *koua koua* étouffés, alternant avec des *tuh tuh*, l'essaimage est probable, et il s'effectue au jour dit, si le temps est favorable.

Les essaims primaires sont généralement employés au peuplement des nouvelles ruches, mais les essaims secondaires et tertiaires sont plus souvent rendus à la souche, après un séjour de vingt-quatre heures à la cave, et une mise en odeur commune, soit à l'éther, soit au moyen d'un sirop aromatisé, avec lequel on asperge les abeilles.

Comment empêcher l'essaimage. — Partant de ce principe que les ruches à cadres de rapport ne doivent pas essaimer, nous nous faisons un devoir d'indiquer le procédé que nous employons avec succès tous les ans, et qui nous a toujours bien réussi. Nous arrivons même, sur une moyenne de 50 colonies, à ne pas obtenir plus de 3 ou 4 essaims tous les ans, ce qui est insignifiant; ces essaims sont d'ailleurs rendus à leurs souches, après en avoir fait la reconnaissance ainsi qu'il suit : le soir, nous prenons une louchée d'abeilles que nous blanchissons avec de la *farine*, et que nous transportons à un endroit quelconque du rucher. En regardant attentivement l'*entrée des ruches suspectes*, nous voyons les abeilles saupoudrées de blanc rentrer dans leur ancienne demeure.

Voici le procédé le plus radical et le plus simple d'empêcher les essaims : dans la première quinzaine de mai, nous intercalons dans toutes nos ruches, sans exception, au milieu du nid à couvain, deux cadres simplement garnis de cire gaufrée. Or les abeilles ont *horreur du vide* ; de plus, elles ne peuvent pas supporter que leur couvain se trouve scindé. Invariablement, il arrive ceci : les abeilles perdent temporairement toutes velléités d'essaimage, pour se consacrer à bâtir les cadres et à raccorder leur couvain. Pendant ce temps, la miellée passe, les butineuses travaillent sans interruption et emmagasinent du miel. La récolte sera toujours bonne.

Cette pratique est extrêmement simple : il suffit de savoir choisir le moment favorable pour l'appliquer.

CHAPITRE VII

LA GRANDE MIELLÉE

Époque à laquelle elle se produit. — Elle ne dure pas longtemps.
Il faut faciliter la tâche des abeilles. — Surveillance générale.

Époque à laquelle elle se produit. — Elle se
produit du 15 mai au 15 juin, dans les pays riches en
prairies artificielles, c'est-à-dire après la floraison des
arbres fruitiers et des *marronniers*, lorsque les *faux
acacias*, les *trèfles blancs* et les *sainfoins* vont entr'-
ouvrir leurs corolles. Dans les régions où les prairies
naturelles prédominent, elle a lieu un peu plus tard,
tandis que les *localités boisées* ont généralement une
miellée tardive. De plus, la durée de la sécrétion
nectarifère n'est pas constante : très prolongée là où
la flore spontanée est abondante, elle est courte pour
les *artificielles*, rapport à la fauchaison mécanique
qui se fait toujours rapidement.

C'est surtout dans cette dernière situation que les
abeilles doivent faire des prodiges de valeur, car,
après les coupes, les butineuses trouvent à peine leur
nourriture, et il faut que le grenier se remplisse dans
les cinq ou six jours que dure la miellée, si toutefois

le temps est favorable. Voilà pourquoi, dans de semblables régions, il est nécessaire que les abeilles aient à cette époque le maximum de leur contingent, ce à quoi on arrive par le nourrissement dont nous avons parlé.

Il faut aider les abeilles. — Il est nécessaire aussi, dans les moments de presse, de laisser les entrées des ruches largement ouvertes, afin que les butineuses ne soient pas gênées dans leur va-et-vient, et pour assurer une active ventilation à l'intérieur des bâtisses. Dans ce but, on surélèvera le devant des ruches de 8 à 10 millimètres, on ouvrira le ventilateur du plateau ou la prise d'air arrière, s'il en existe une, ou bien on écartera très légèrement les deux planchettes extrêmes de recouvrement, pour provoquer un léger courant d'air qui activera la réduction du nectar, ce qui permettra aux *magasinières* de pouvoir l'operculer plus vite.

Il ne faut pas oublier non plus que l'excès de chaleur incommode les abeilles, et provoque chez elles une lassitude très marquée, qui se traduit par des flâneries. Peu à peu, les abeilles se rassemblent, se groupent comme un essaim en avant de la ruche ou sur le plateau : on dit qu'elles font la *barbe*. Au cas où le fait viendrait à se produire, il ne faudrait pas hésiter à jeter des capuchons de paille sur les ruches, ou à les abriter sous des toitures rustiques en chaume ou en genêts.

Surveillance générale. — Quant à la surveillance générale, elle a surtout pour objet de veiller au départ des essaims, que l'on doit toujours chercher à empêcher le plus possible.

En ce qui concerne les ruches horizontales, à un seul corps, si l'on a eu soin de leur fournir tous les cadres construits que l'on a de disponibles, **en les** complétant par des feuilles gaufrées, on **n'a plus à** s'en inquiéter, et ce système convient très bien pour les *ruchers isolés*.

Mais les ruches à hausses doivent être surveillées de très près. D'abord, ces colonies ont été pourvues, une huitaine de jours avant la miellée, d'une première hausse, dont on ne doit pas attendre le complet remplissage avant d'intervenir.

En effet, si l'on ne fournissait pas aux abeilles la place qui leur manque pour emmagasiner le nectar, elles seraient dans l'obligation de le mettre dans le corps de ruche, avec le couvain, ce qui inciterait très probablement la colonie à essaimer.

Il faut donc ajouter les hausses au fur et à mesure des besoins, ainsi qu'il suit : quand on juge que la première hausse est aux trois quarts pleine, on exécute un petit enfumage par le dessus, pour simplement tenir les abeilles en respect ; on retire la hausse provisoirement, et on la remplace par une autre vide **mais** garnie de bâtisses construites ; enfin on replace la hausse sur cette nouvelle venue, au deuxième étage (fig. 98).

Lorsque vous avez observé les prescriptions que nous venons d'énumérer, il n'y a rien autre chose à faire ; gardez-vous bien d'importuner vos abeilles à

Fig. 98. — Pose des hausses pendant la miellée.

tout instant, en les dérangeant par des visites inutiles et superflues : *les butineuses ne peuvent donner leur maximum de rendement que si elles jouissent de la quiétude la plus parfaite.*

CHAPITRE VIII

LA RÉCOLTE DU MIEL

Intérêt qu'elle présente. — Récolte des ruches horizontales.
— Prélèvements. — Comment on désopercule les rayons. —
Passage des cadres à l'extracteur. — Épuration du miel. —
Retour des cadres vides à la ruche. — Récolte des ruches ver-
ticales. — Récolte des ruches vulgaires.

Intérêt qu'elle présente. — C'est assurément
l'opération la plus intéressante de toutes, celle sur
laquelle l'apiculteur fonde ses plus belles espérances,
puisqu'elle doit lui assurer le profit pour lequel il s'est
dépensé pendant tout le cours de l'année écoulée.

Les praticiens qui ont suivi la miellée, jour par jour,
et ceux qui ont mis une ruche sur la bascule (fig. 99),
pour juger de l'importance et de la durée des apports,
savent à quoi s'en tenir sur la valeur de l'année
mellifère. Ils connaissent approximativement le quan-
tum de miel qu'ils pourront récolter, et le rendement
moyen par colonie.

Et cette observation n'est pas de médiocre importance, car l'apiculteur qui fait ses prélèvements doit
connaître la marche des miellées, notamment celle

de la seconde, pour évaluer ce qu'il doit laisser dans les ruches afin que les abeilles ne soient pas à court de vivres durant l'hiver, ou pour ne pas être obligé de parfaire leurs provisions à l'arrière-saison.

Fig. 99. — Apiculteur enregistrant les gains journaliers.

En principe, il vaut toujours mieux laisser un peu plus de miel qu'on ne devrait, car il nous est toujours loisible de le retirer à la deuxième visite, lors de la mise en hivernage. Cependant, quand il y a une grande différence de valeur entre le miel de première coupe et celui de deuxième, on pourra prélever tout le beau miel operculé, mais on en conservera une partie, afin de pouvoir le rendre, si besoin est, à la visite d'automne, au cas où la dernière miellée aurait été nulle ou déficitaire.

La manière de récolter le miel varie suivant qu'il s'agit de *ruches horizontales*, *de ruches verticales*, ou de *paniers*.

Récolte des ruches horizontales. — L'apiculteur se munit d'une ou deux ruchettes portatives, dans le genre de celle que représente la figure 100, chacune d'elles pouvant contenir cinq ou six cadres (voir construction des ruchettes), d'un enfumoir, d'un voile, d'une brosse à abeilles ou plume d'oie, et d'un lève-cadres.

Après avoir allumé son enfumoir et s'être assuré qu'il fonctionne bien, l'opérateur, s'il est seul, commence d'abord par envoyer quelques bouffées de fumée entre les cadres extrêmes, opposés au nid à couvain, afin de refouler les abeilles et les mettre en bruissement.

Au moyen du lève-cadres, il écarte légèrement deux cadres, et il retire l'un d'eux pour l'examiner, en prenant des précautions pour ne pas froisser les abeilles, ce qui les mettrait à coup sûr de mauvaise humeur.

Prélèvements. — Si ce gâteau est plein de miel,

ou seulement operculé aux deux tiers, les abeilles sont brossées dans la ruche, et le cadre est mis dans la ruchette. Mais si le rayon contient encore du cou-

Fig. 100. — Transport des cadres avec les ruchettes.

vain, notamment des larves non operculées, il est replacé dans la ruche, de même que s'il contient trop de miel liquide, qui serait d'une mauvaise conservation (fig. 101).

  LA RÉCOLTE DU MIEL.

Continuez l'inspection en avançant vers le nid à couvain, ou à l'opposé, en prélevant seulement les cadres qui remplissent les conditions requises. Il vous est d'ailleurs facile, tout en faisant votre prélèvement, d'évaluer approximativement le miel restant en

Fig. 101. — Apiculteur retirant des cadres de miel.

magasin, en estimant qu'un grand cadre, bien plein contient environ 4 kilogrammes de miel.

Pendant toute la durée de l'opération, ayez soin de tenir l'enfumoir allumé, bien à portée de votre main, afin de pouvoir l'utiliser quand les abeilles deviennent récalcitrantes. C'est surtout quand on les voit sautiller sur les cadres qu'il faut user de la fumée, mais avec modération.

Lorsque les ruchettes sont pleines, transportez-les le plus prestement possible au laboratoire, et extrayez les cadres de suite, sans attendre qu'ils soient refroidis,

Fig 102. — Apiculteur désoperculant un gâteau de miel.

car l'extraction se fait plus vite et mieux, à moins que l'on ne dispose d'un local chauffé.

Désoperculage des rayons — A cet effet, les cadres sont suspendus après le chevalet, puis, à l'aide d'un couteau spécial, à lame large, mince et tranchante, on coupe les opercules qui recouvrent les cellules de miel, afin de les mettre à nu (fig. 102).

La manœuvre du couteau exige un petit tour de main qui ne s'acquiert qu'avec l'habitude ; on doit s'efforcer de faire une coupe nette, sans craindre de mordre un peu dans le gâteau. Pour faciliter le glissement du couteau, on recommande de l'incliner légèrement, et de le faire chauffer en le trempant dans l'eau chaude ou en le plaçant sur un réchaud.

Les opercules coupés tombent dans le tamis et s'égouttent ; le miel liquide coule dans le deuxième récipient, d'où il sera repris pour être versé dans le *maturateur*, avec le miel provenant de l'*extracteur*.

Passage des cadres à l'extracteur. — La figure 103 nous fait voir un apiculteur occupé à actionner l'extracteur. Celui-ci, pour bien fonctionner, doit recevoir deux ou quatre cadres du même poids, se faisant équilibre. Le miel qu'ils contiennent est projeté après les parois du récipient, sous l'action de la force centrifuge. Ayez soin, pour commencer, de tourner lentement ; puis, quand l'une des faces est extraite à moitié, retournez les cadres et augmentez la vitesse. En tournant un peu plus longtemps, les rayons se trouvent vidés entièrement, ou à peu près.

Épuration du miel. — Le miel s'écoule par le clapet de sortie, dans des seaux *ad hoc* ; vous versez ensuite leur contenu dans des maturateurs, afin qu'il s'épure et se débarrasse des opercules et des impuretés qui montent à la surface. Lorsqu'il est bien limpide, soutirez-le et mettez en pots, en seaux ou en tonneaux, suivant la mode d'emballage adopté.

Retour des cadres vides à la ruche. — Quant aux cadres vides, que vous allez rendre aux abeilles, vous devez attendre le soir pour les reporter à la

Fig. 103. — Extraction du miel par la force centrifuge.

ruche, à moins que, la miellée étant encore assez abondante, il n'y ait pas de pillage à craindre. Dans ce cas, lorsque le contenu des deux ruchettes est extrait, recommencez à les remplir à nouveau, en visitant d'autres ruches, et en échangeant les cadres pleins avec les vides. Ce procédé est plus expéditif ; mais il est assez dangereux pour les novices. Lorsque les abeilles se montrent agressives, remettez l'opération au lendemain.

Une précaution toujours bonne à prendre, chaque fois que l'on visite les ruches, c'est de *restreindre les entrées*, pour permettre aux abeilles de se défendre des *pillardes*.

Récolte des ruches verticales. — L'enlèvement des hausses, lorsque ces dernières sont entièrement pleines de miel, est extrêmement simple : il suffit de les décoller en se servant du lève-cadre, en guise de levier, puis de les placer sur un véhicule quelconque, avec lequel on les transporte le plus rapidement possible au laboratoire, dans un endr it clos.

Ayez soin, avant de retirer les hausses, de les enfumer copieusement, afin d'obliger les abeilles à descendre dans le corps de ruche. Mais cette émigration, qui se fait facilement lorsque les cadres sont entièrement construits, et par conséquent peu peuplés d'abeilles, est moins commode s'ils contiennent encore du miel liquide. Dans ce cas, vous êtes fatalement conduit à ramener au laboratoire une certaine quantité d'abeilles, qui peuvent être une cause d'ennuis pendant l'extraction. Lorsque le fait se présente, brossez tous les cadres un à un, avant de les rentrer, sur une planche exposée en plein soleil : ces abeilles récalcitrantes retournent d'elles-mêmes à la ruche ; ayez soin, en outre, de munir le dessus de la fenêtre de votre laboratoire d'un tube chasse-abeilles, ou d'un intervalle grillagé, qui permet la sortie et non la rentrée des ouvrières.

L'ennui des ruches à hausses, *c'est la présence du couvain dans les rayons du magasin*, cas assez fréquent. Quand la mère s'est offert la fantaisie de jouer ce vilain tour à l'apiculteur, il n'y a qu'à laisser les hausses sur la ruche et à attendre que ce couvain soit éclos pour le récolter. Mais on doit s'efforcer d'empêcher cette émigration par des moyens préventifs, dont les plus efficaces sont la pose des feuilles de cire au milieu du nid à couvain, comme nous l'avons dit au sujet de l'essaimage, puis en mettant les hausses en place quelques jours plus tôt qu'on n'a l'habitude de le faire. On a bien recommandé aussi l'usage des *tôles perforées*, mais, outre qu'il n'est pas d'une efficacité absolue, il gêne tellement les butineuses, en provoquant l'usure de leurs ailes, qu'il vaut mieux s'en passer.

Les hausses vides ne doivent être reportées au rucher que le soir, en enfumant copieusement pour éviter les piqûres.

Récolte des ruches vulgaires. — Incontestablement, le miel des ruches vulgaires est toujours moins beau que celui des ruches à cadres, du moins pour une même flore. Néanmoins, en prenant les précautions que nous allons énumérer, on peut encore en retirer un produit de bonne qualité, dont on reconnaîtra difficilement l'origine.

13.

Lorsque vous êtes fixé sur le nombre et la qualité des paniers à récolter, vous commencez par les soumettre à un tapotement préalable, qui a pour but d'interrompre la ponte de la mère dans les colonies.

Les paniers tapotés sont remis à leur place primitive, afin que les abeilles, au retour des champs, puissent s'occuper de finir l'élevage des larves et surveiller l'éclosion du couvain; n'oubliez pas non plus de réduire les entrées de ces ruches dépeuplées.

Les essaims obtenus *sont réunis deux à deux* dans des paniers vides, car il n'y a que les fortes populations qui soient capables de récolter suffisamment de vivres pour passer l'hiver.

Quand la deuxième miellée est peu abondante, il ne faut pas hésiter, en outre, à leur distribuer un peu de sirop de sucre à l'arrière-saison.

Pour éviter les batailles, lors de la réunion, vous devez communiquer la même odeur aux colonies, soit au moyen de l'*éther*, de la *farine* ou du *sirop aromatisé* ; puis, après un enfumage copieux, faites tomber les deux essaims sur le même plateau, en frappant les ruches d'un coup sec, et coiffez-les avec une ruche vide, posée sur des cales. Avec un peu de fumée, les abeilles se rassemblent en pelote au sommet du panier, l'une des mères est tuée, et la réunion se fait sans bataille.

Au bout de vingt et un jours après la chasse, les

ruches sont entièrement libérées de leur couvain d'ouvrières : exécutez un deuxième tapotement, pour vous emparer de la totalité des pensionnaires, et les paniers peuvent être récoltés. Les essaims tardifs obtenus sont réunis à des ruches faibles pour les renforcer, ou bien ils sont encore *réunis trois à trois* pour former de nouvelles colonies, qu'il faudra surveiller attentivement.

L'extraction du miel des paniers doit se faire en local clos, et à une température assez élevée, si l'on veut que le miel s'égoutte vite et bien, car il ne faut pas oublier que, pour obtenir un miel limpide, exempt de pollen et d'autres impuretés, les *gâteaux ne doivent être pressés ni avec les mains ni autrement*.

En conséquence, après avoir retiré les croisillons des paniers et détaché proprement les bâtisses, si vous ne disposez pas d'un tamis à large surface, avec un récipient de même envergure, vous rassemblez des plats, des assiettes, etc., que vous recouvrez de claies en osier, et sur lesquelles vous étalez les gâteaux côte à côte, après avoir eu soin de les désoperculer sur une des faces. A la température de 30 à 35 degrés, le miel liquide s'égoutte assez vite pour que l'on puisse, au bout d'une douzaine d'heures, désoperculer l'autre face des gâteaux et les retourner sur les claies.

Tout le miel qui s'est égoutté naturellement, sous

la seule influence de la pesanteur, est toujours de
bonne qualité ; celui que l'on obtient par la fonte ou
la pression des cires ne peut guère servir qu'à la
fabrication de l'hydromel et au nourrissement ultérieur des abeilles.

Quand la totalité des rayons a été égouttée sur les
deux faces, le miel contenu dans les récipients à fond
plat est reversé dans un épurateur, en attendant
qu'on puisse le soutirer pour le mettre en seaux ou
en pots.

CHAPITRE IX

LE PILLAGE ET LES PIQURES D'ABEILLES

Conséquences du pillage. — Moyens de le reconnaître. — Cause
du pillage. — Moyens de l'empêcher. — Les piqûres d'abeilles.
— Guérison des piqûres. — Règles à suivre dans les diverses
manipulations des abeilles.

Conséquences du pillage. — Qu'il provienne du
genre *homo* ou du genre *apis*, le pillage est une bien
vilaine chose. Pénétrer subrepticement chez des voisines sans crier gare, par la ruse ou par la force,
sous prétexte qu'elles sont insuffisamment armées
pour se défendre, et ce dans le but de s'emparer des
provisions qu'elles ont péniblement amassées, pour
assurer leur subsistance pendant la mauvaise saison,
c'est du pur banditisme.

Quoi qu'il en soit, l'abeille pillarde est un fléau qui
conduit irrémédiablement un rucher à la ruine si
l'apiculteur ne fait rien pour l'empêcher ou pour
l'arrêter; elle peut même devenir la genèse d'une
foule de contrariétés pour le propriétaire de colonies
qui se livrent à ce genre de sport, telles que pertes
de ruchées, mise à sac des colonies, sans compter les

innombrables piqûres qui peuvent en résulter; sur la personne même des voisins, des passants et des animaux domestiques.

Moyens de reconnaître le pillage. — Voyons d'abord comment on reconnaît les pillardes. Une abeille voleuse s'approche sournoisement de la ruche à cambrioler, après en avoir inspecté le pourtour, pour voir s'il n'y aurait pas une issue dérobée pour s'y introduire sans danger. Souvent elle revient près de l'entrée pour essayer de forcer le passage, et, si elle voit l'impossibilité de déjouer la surveillance, elle va rôder auprès d'autres ruches et recommence le même manège.

Quand elle a pu pénétrer dans une place, elle remplit précipitamment son jabot de miel, pour le rapporter dans sa ruche, et elle ne tarde pas à revenir en amenant avec elle d'autres délinquantes. Peu à peu le nombre des pillardes augmente, cependant qu'une bataille en règle s'engage entre l'*attaque* et la *défense*, et le plateau de la ruche pillée se recouvre de cadavres. Dès lors, l'odeur du miel enivre les combattantes, une véritable furie s'empare des colonies voisines, et la guerre se généralise : les attelages sont attaqués à 200 mètres du rucher, et les plus graves accidents sont à craindre.

Causes du pillage. — C'est surtout au printemps, ou plutôt entre les deux miellées, que les pillages sont le plus fréquents. Généralement ils proviennent de l'insouciance ou d'une imprudence de l'apiculteur, soit qu'il ait laissé traîner des débris de cire ou du miel à l'intérieur du rucher, soit qu'il ait oublié de fermer des ruches, ou encore en manipulant les abeilles d'une façon maladroite et trop longuement, notamment pendant les récoltes tardives.

La première chose à faire, lorsqu'il se produit un commencement de pillage, c'est d'abord de rechercher d'où viennent les voleuses, ce qui est facile à discerner par l'animation qui se manifeste sur les plateaux des ruches pillardes et pillées. Un peu de farine sur les abeilles sortantes, nous fait reconnaître bien vite leur origine et leur destination.

Pour distinguer les voleuses des volées, il suffit de se rappeler que l'abeille chargée prend difficilement son vol, elle recherche les hauteurs et grimpe après les parois de la ruche pour s'élever. D'ailleurs, il suffit d'écraser l'une d'elles pour voir si son jabot est ou non, plein de miel.

Comment empêcher les batailles. — Pour faire cesser un commencement de pillage, enfumez d'abord copieusement le logis des pillardes, et à plusieurs reprises, pour empêcher de nouvelles sorties. Au bout d'une dizaine de minutes, réduisez la porte de la colonie pillée, en ne laissant guère plus d'un centimètre de passage.

Généralement cette manœuvre suffit, car la ruche pillée a eu le temps de se ressaisir et d'organiser la défense du petit défilé des Thermopyles resté ouvert. S'il y a de l'effervescence sur le devant des autres ruches, il ne faut pas hésiter à restreindre toutes les entrées, et même, au cas ou certaines d'entre elles s'obstineraient à faire les récalcitrantes, on les fermerait entièrement, et on les transporterait, en punition, dans un endroit frais et obscur, au fond d'une cave ou d'un cellier, pendant vingt-quatre heures.

Les piqûres d'abeilles. — Nombreux sont les poètes qui, avec Virgile, ont chanté l'abeille ; mais il en est peu qui affectionnent ses piqûres, toujours assez douloureuses, surtout lorsqu'elles ont lieu dans les régions sensibles de l'arcade sourcilière ou des fosses nasales. Chez certaines personnes, les piqûres déterminent une enflure très prononcée des tissus, produite par le venin qui se résorbe difficilement ; chez d'autres, atteintes de diabète sucré, d'albuminurie, et surtout de maladies de cœur, le poison inoculé peut provoquer des dénouements fatals ; aussi conseillons-nous aux personnes atteintes de semblables infirmités d'agir toujours avec une grande circonspection.

Les piqûres les plus dangereuses sont celles de la gorge, lorsqu'elles sont provoquées par une abeille ou une guêpe logée dans un fruit, et que l'on vient d'avaler subrepticement. Dans ce cas, l'œdème produit peut provoquer la mort par étouffement.

Les moyens de soigner les piqûres sont nombreux,

ét chaque apiculteur possède presque toujours le sien.
Parmi les plus recommandables citons : les lavages à
l'*eau phéniquée*, à l'*alcali volatil* et à l'*eau de chaux*,
aussitôt la piqûre reçue, après avoir retiré l'aiguillon,
et appuyé sur la plaie pour en expulser le plus possible
de venin.

A défaut de ces produits, vous pouvez obtenir
d'aussi bons résultats en frottant la blessure avec les
sucs de certains végétaux tels qu'*échalote*, *persil*,
plantain, etc., qui poussent communément au voisinage des ruchers. Le plantain moyen est très
efficace : employé à temps, il empêche presque toujours l'enflure de se produire et il supprime la dou-
leur ; aussi le recommandons-nous tout spécialement.
Enfin, une drogue d'une efficacité absolue, très
facile à se procurer, c'est l'*extrait d'eau de Javelle*,
composé d'hypochlorite, de chlorure de potassium et
d'eau. Ce sel liquide a pour propriétés de neutraliser
et de décomposer les acides et les bases, qui entrent
dans la constitution du venin d'abeille.

**Règles à suivre dans la manipulation des
abeilles.** — *Il vaut toujours mieux prévenir que
guérir*. Nous dirons donc au novice de conserver la
plus grande prudence avec les abeilles, de ne jamais
se démunir de son voile, et de toujours tenir son enfumoir allumé, sous pression, pour pouvoir s'en servir
en cas d'alerte.

Règle générale : lorsqu'une abeille tournoie autour

de vous, vous devez vous baisser sans gesticuler, et rester immobile. Si d'autres butineuses viennent vous rendre visite avec un air belliqueux, accompagné du bourdonnement aigu et coléreux qui n'est autre que leur cri de guerre, évitez de faire des manipulations ce jour-là, et remettez-les au lendemain.

Il convient toutefois de signaler que certaines personnes sont piquées plus fréquemment que d'autres, malgré toutes les précautions qu'elles peuvent prendre : cela tient à l'odeur personnelle du corps, de la sueur et surtout celle de l'haleine. Il convient de dire aussi que les mouches à miel n'aiment pas les parfums prononcés que certaines dames emploient pour leur toilette : eau de Cologne, peau d'Espagne, etc. ; aussi leur recommandons-nous de ne jamais s'en imprégner quand elles veulent s'approcher des ruchers.

CHAPITRE X

LE MIEL. — EMBALLAGE ET GRANULATION

Comment se fait l'épuration du miel. — Les logements des miels.
— La granulation. — Liquéfaction des miels. — Anomalies
qui se présentent dans la cristallisation. — Miels rebelles à la
cristallisation. — Traitement.

Épuration du miel. — Après son extraction, le
miel, avons-nous dit, est placé dans des récipients en
fer-blanc étamé, plus profonds que larges, dans lesquels il s'épure.

Après un séjour d'une huitaine de jours dans ces
vases, tous les débris de cire et les impuretés provenant des gâteaux se sont rassemblés à la surface. Dès
lors le miel peut être soutiré par le clapet de vidange
et logé dans les récipients qui doivent le contenir
d'une façon définitive.

Comment doit-on loger les miels ? — On ne doit
pas oublier que le miel est appelé à devenir solide et
à cristalliser à bref délai et que, sous cette forme, il
n'est réellement présentable qu'à la condition de
rester en bloc compact, sans que l'on soit obligé de
le prendre avec une pelle pour le transvaser. En

conséquence, suivant les exigences de la clientèle, l'apiculteur logera ses miels clarifiés dans des pots en verre ou en grès, d'une contenance de 250 grammes à 5 kilogrammes. et, s'il s'agit d'exportation, il le coulera dans des seaux étamés à l'intérieur, et vernis couleur or extérieurement. Ces seaux sont très pratiques pour les expéditions par postaux, de 5, 10 et 20 kilogrammes.

Disons cependant que le miel se conserve généralement mieux dans les récipients en verre et en grès que dans les seaux, et que, pour la vente sur place, il est préférable d'éliminer ces derniers, rapport au goût particulier que le métal communique au produit.

Dans certaines localités, notamment aux États-Unis, l'usage se généralise de loger le miel dans des cartons spéciaux, parcheminés, ou mieux dans du papier paraffiné, pouvant en contenir depuis 250 grammes, jusqu'à 2 et 5 kilogrammes, et dans lesquels il se solidifie sous forme de petits prismes du plus joli aspect. Les miels à cristallisation homogène peuvent être coulés dans des moules également en carton, pouvant s'ouvrir après solidification, en donnant des pains ayant la forme d'une brique de savon, que l'on peut découper en petits parallélipipèdes, au moyen d'un fil de fer, pour la vente au détail.

Dans le commerce du demi-gros et les livraisons

aux maisons ayant pour spécialité la fabrication du *pain d'épice*, l'emballage généralement adopté est le fût en bois de châtaignier, à douves solides et bien cerclées, qui revient bien meilleur marché. C'est aussi en tonneaux que les miels d'exportation américaine arrivent sur nos marchés.

Fig. 104. — Matériel d'emballage des miels.

La granulation du miel. — La *granulation du miel*, qui se produit en vertu des lois de la cristallisation humide, est des plus capricieuses. Quelquefois elle se fait tellement vite qu'elle ne laisse pas au miel le temps de s'épurer dans le maturateur, tandis que le même produit, récolté l'année suivante, ou seulement quinze jours après le premier, et extrait des mêmes ruches, peut très bien ne granuler qu'imparfaitement, et au bout d'un grand laps de temps.

Liquéfaction des miels. — Certains apiculteurs professionnels font liquéfier tous leurs miels en les faisant chauffer au bain-marie, et ne les vendent qu'à l'état liquide. Cette pratique, très acceptable lorsqu'il s'agit de miels à cristallisation grossière, ne convient guère aux miels fins, en ce sens que le chauffage leur enlève une partie de leur arome et qu'il empêche ou retarde toujours pour de longs mois une nouvelle granulation.

Anomalies dans la cristallisation. — La cristallisation n'est soumise à aucune règle fixe, et la science n'a pas encore pu en déterminer les causes exactes. Cependant, nous avons pu constater maintes fois, que les miels riches en *nectar de sainfoin* cristallisent difficilement, en donnant un produit à grains fins, ayant un peu l'aspect du beurre blanc, tandis que ceux dans lesquels il se trouve une quantité appréciable de nectar de crucifères, *sanves*, *navette*, etc., se prennent très vite en une masse pleine de stries, au milieu desquelles on distingue de gros cristaux, avec des efflorescences de saccharose.

A conditions égales, le miel de deuxième coupe, contenant du nectar de *luzerne*, cristallise plus vite que celui de première. Mais le miel de *conifères*, de *bruyère* et de *sarrasin* ne prend jamais un aspect

franchement cristallin : il reste pâteux, demi
fluide.

Miels rebelles à la cristallisation. — Pour
activer la prise des miels rebelles à la cristallisation,
il n'existe pas de procédé plus efficace que le suivant :
transportez le miel liquide, du local où il se trouve,
qu'il soit chaud ou froid, cela importe peu, mais *il ne
doit jamais être humide*, dans un autre local à température différente. Jetez dans les récipients quelques
cristaux de miel solide, et donnez dans chacun d'eux
quelques coups de spatule en bois pour agiter la
masse.

Le mouvement produit et le contact des cristaux
doit provoquer la précipitation de la saccharose et
l'emprisonnement de la glucose.

Si l'effet tarde à se produire, recommencez la même
opération, et changez encore le miel de local.

CHAPITRE XI

PRODUCTION DU MIEL EN SECTIONS

Vogue dont jouit le miel en gâteau. — Difficultés et coût de cette
production. — Les belles sections — Comment les obtenir. —
— Description d'une section. — Placement et surveillance des
sections.

La vogue du miel en gâteau. — Encore aujour-
d'hui, nombreux sont les consommateurs qui ne
veulent pas manger de miel autrement qu'avec la cire,
c'est-à-dire avec les gâteaux, tels que les produisent
les abeilles, car cela leur assure des garanties au
point de vue de la pureté.

Nous n'avons pas ici à rechercher si le miel extrait
est plus agréable à consommer que le miel en sections,
et nous devons tout naturellement nous conformer
aux demandes de la clientèle ; mais, comme le miel en
gâteau coûte plus cher à produire que le miel liquide,
nous aurons aussi le devoir de le faire payer en conséquence

Difficultés de cette production. — Nous avons
reconnu, et d'autres expérimentateurs aussi, que la
production de la cire ne peut se faire qu'au détriment

de celle du miel, et qu'il faut sept ou huit unités de miel pour en produire seulement une de cire. De plus, la production des sections est besogneuse, elle astreint l'apiculteur à une surveillance très active, s'il veut les obtenir marchandes et de bonne qualité.

D'ailleurs, lorsqu'on veut se livrer à la production suivie des sections, il faut s'établir dans une région très mellifère, à miel bien blanc, où le sainfoin prédomine, afin que la granulation ne se produise pas trop vite dans les cellules.

En conséquence, les casiers à sections devront être mis en place lorsque la flore de choix battra son plein, au moment où les acacias, les sainfoins, les trèfles et le mélilot donneront leur miellée, et on les retirera avant l'apparition des moutardes et des tilleuls. Les prairies naturelles peuvent fournir également de belles sections à granulation lente ; mais les deuxièmes coupes, ainsi que les miellées d'arrière-saison, ne conviennent pas.

Les belles sections. — Pour obtenir des sections bien blanches, il ne faut pas qu'elles séjournent plus de douze à quinze jours dans les ruches, sans quoi les abeilles les salissent et les propolisent. En outre, la question du choix de la ruche a également son importance, et ce sont surtout les cadres bas qui donnent les meilleurs résultats, puisque les abeilles ont moins de trajet à parcourir, à une période où le temps presse. Aussi les Américains, grands producteurs de sections, ont-ils adopté des ruches à cadres bas *Dankenbaker*, *Langstroth*, voire même le cadre de 21 centimètres de hauteur seulement, et ils en obtiennent de bons résultats.

Dans nos régions, ces ruches auraient une tendance marquée pour l'essaimage, et nous pouvons nous contenter de la ruche Dadant-Blatt, dans laquelle nous réduirons la capacité du nid à couvain à huit cadres au lieu de douze, ce qui est très facile au moyen des *planches de partition*.

Manière de procéder. — Quelques jours avant la miellée, placez les planchettes de recouvrement sur la hausse pour la chauffer, en ayant soin de la recouvrir chaudement, puis, aussitôt que la miellée commence, garnissez chaque grenier d'une vingtaine de sections amorcées avec de la cire *gaufrée très mince*, au moyen d'un laminoir, et simplement fixée au moyen de quelques gouttes de cire fondue.

Les sections. — Les sections sont de petits cadres en miniature, constitués par des baguettes de bois mince (fig. 105), un peu plus larges que celles des cadres ordinaires, et mobiles aux angles, par tenons et mortaises, ce qui permet de les fermer et de les ouvrir. Leurs dimensions sont calculées de manière qu'elles puissent peser

Fig. 105. — Cadre en bois
Section pliée.

environ 500 grammes lorsqu'elles sont pleines.

Les baguettes des sections sont évidées latéralement pour laisser un passage libre aux abeilles ;

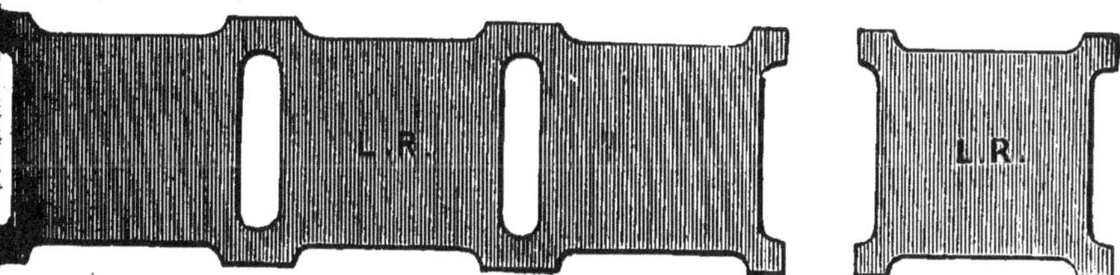

Fig. 106. — Séparateurs pour sections

quand elles sont pliées, on les range dans des cadres ou des casiers spéciaux munis ou non de *séparateurs* (fig. 106). Les systèmes actuellement en usage se trouvent chez tous les commerçants apicoles ; mais le dernier mot n'a pas encore été dit sur les perfectionnements à apporter à leur construction.

Fig. 107. — Sections rangées dans un casier.

Dans tous les cas, pour éviter la propolisation des sections, il faut avoir soin de les serrer fortement les unes contre les autres au moyen d'une clef.

Placement et surveillance des sections. — Les casiers (fig. 107) sont placés sur le corps de ruche, en laissant au-dessus et au-dessous un couloir de circulation de 7 millimètres ; l'espace restant est garni avec de la paille de bois ou d'autres matériaux.

Après huit jours de miellée, il faut visiter les sections pour retirer celles qui sont entièrement construites, notamment celle du milieu, afin de ne pas les laisser tacher par les abeilles. Par la même occasion, les sections des rives sont ramenées au centre, et, si la miellée continue, on les remplace par de nouvelles amorces.

La vente des sections se fait surtout auprès des maisons d'épicerie qui les détaillent aux consommateurs, ainsi que dans les hôtels et restaurants. L'emballage se fait dans de petits casiers vitrés, faits sur mesure.

CHAPITRE XII

ÉLEVAGE DES REINES

Épuisement des vieilles mères. — Leur renouvellement méthodique. — L'élevage artificiel est besogneux — On peut y obvier dans une certaine mesure — Technique de l'élevage. — Première opération — Deuxième opération — Troisième opération. — Quatrième opération. — Introduction d'une mère étrangère dans une colonie orpheline.

Épuisement des vieilles mères. — Sans doute la prospérité d'une colonie est intimement liée à la valeur de sa mère, puisque c'est elle qui doit, par une ponte prolifique et suivie, assurer le renouvellement intégral des butineuses. Or, pendant la période active des travaux, la ponte excessive et fabuleuse, de deux à trois mille œufs par jour, à laquelle la femelle doit suffire, l'épuise très vite ; aussi, au lieu de vivre cinq et six ans, comme dans des ruches vulgaires, peu volumineuses, il arrive qu'avec des ruches à cadres, à grand développement de couvain, le mère est déjà épuisée lorsqu'elle arrive vers la fin de la troisième année, et elle ne donne plus, la saison suivante, que des résultats médiocres. Parfois même, une vieille mère épuisée peut mourir pendant l'hiver, et la colonie se trouve orpheline au printemps.

Avantages du renouvellement méthodique. — En pratiquant l'élevage des mères, au contraire, et le renouvellement printanier de toutes celles qui ont effectué deux saisons de ponte, c'est-à-dire celles qui entrent dans leur troisième année d'exercice, ces inconvénients ne sont pas à craindre : les femelles, élevées dans des ruchettes bien hivernées, et mises à la place des vieilles, font des prodiges de valeur et augmentent d'une façon notable l'importance des rendements.

Cette constatation de la productivité des jeunes mères est un fait que tous les apiculteurs ont pu constater sur les colonies ayant essaimé naturellement ; à plus forte raison, lorsque le remplacement est fait avec des reines de choix, provenant d'une lignée d'abeilles prolifiques et travailleuses, la différence est encore plus sensible.

L'élevage artificiel est besogneux. — Mais le renouvellement artificiel des mères exige beaucoup de ponctualité et de surveillance, souvent plus que la plupart des apiculteurs ne peuvent en accorder à leurs abeilles ; en outre, il nécessite un matériel spécial, des connaissances étendues et assez de loisirs.

En conséquence nous dirons : l'élevage des mères est du ressort du praticien et des apiculteurs professionnels, tandis que l'amateur et le cultivateur, déjà absorbés par un surcroît d'occupations journalières, n'y doivent pas songer. Ils laisseront le renouvellement naturel se faire, et prendront bénévolement le parti de s'attendre à voir bouder quelques-unes des colonies de leur apier, et d'en trouver un certain nombre orphelines, tous les ans, au printemps.

Comme remède à apporter à cet état de choses, ils n'auront qu'à se prémunir de quelques jeunes reines, provenant de petits essaims recueillis l'année précédente et conservés en ruchettes, lesquelles leur serviront à remplacer celles qui viendraient à périr durant l'hiver. Pour les colonies boudeuses, la suppression pure et simple de la mère, lors de la visite de printemps s'impose, et les abeilles sont ainsi amenées à remplacer forcément une mère qu'elles ne conservaient qu'à regret.

Cette opération, évidemment, ne se fait pas sans précautions : avant la suppression, il faut s'assurer que la ruche contient encore des œufs et des larves de tout âge, sinon il faut faire un emprunt dans la colonie

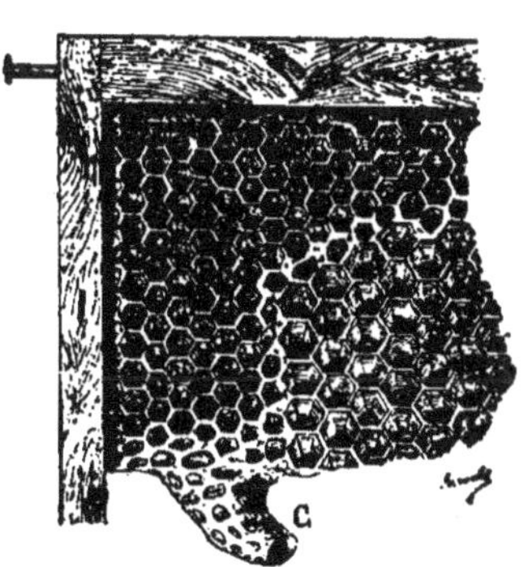

Fig. 108. — C. Alvéole maternel.

voisine, pour permettre aux abeilles de construire *des alvéoles maternels* sur des œufs récemment éclos (fig. 108).

Ceci dit, voici une méthode d'élevage très simple, pouvant être mise en application par la plupart des apiculteurs disposant de quelques loisirs. Nous ne dirons rien des méthodes compliquées, employées par les spécialistes qui se livrent à l'élevage industriel des femelles d'abeilles.

Technique de l'élevage. — Construisez autant de ruchettes que vous désirez élever de reines à la fois, pour le remplacement des mères de réforme ou pour la vente des reines fécondées, puis choisissez deux bonnes colonies : A, une ruche très active, donnant toujours d'abondantes récoltes ; B, une autre ruche, très peuplée. La première ruche fournira les *œufs*, la deuxième les *abeilles nourrices*.

Première opération. — Commencez par chercher la mère de la ruche B, en enfumant modérément pour ne pas l'effrayer, et ne pas être obligé de remettre l'opération à un autre jour, au cas où elle viendrait à se cacher dans un endroit retiré. Dès que vous êtes en sa possession, tuez-la, puis brossez tous les cadres de B, du moins ceux qui contiennent du couvain, dans leur propre ruche, jusqu'à ce qu'ils ne portent plus d'abeilles. Mettez provisoirement ces cadres de couvain dans des ruchettes de transport, à l'abri des fureteuses.

Deuxième opération. — Rendez-vous près de la ruche A, avec les ruchettes contenant tout le couvain de B. Emparez-vous ensuite de tous les cadres de A,

Fig. 109. — Brossage des cadres (Hommell)

brossez-les dans la ruche (fig. 109), en ayant soin de ne pas blesser la reine, puis échangez-les avec ceux de la ruchette.

Troisième opération. — Les cadres de A sont redonnés à B, car ce sont eux qui sont destinés à fournir les alvéoles royaux. Mais, auparavant, coupez franchement, à l'aide d'un couteau à désoperculer, le bas des rayons, jusqu'à l'endroit où vous apercevez des œufs. Enlevez deux œufs sur trois, pour laisser aux abeilles de B la place suffisante pour construire des cellules maternelles, ce qu'elles ne manqueront pas de faire puisqu'elles sont orphelines.

A partir du *douzième jour* après cette opération, ces cellules sont prêtes à éclore ; c'est le moment d'agir car, si l'on attendait le treizième jour, un certain nombre d'entre elles seraient déjà sacrifiées.

Quatrième opération. — Donc, le onzième jour, ou le douzième jour, au plus tard, qui suit la mise en élevage, préparez autant de ruchettes ou *nucléus* que vous voulez obtenir de mères. Pour cela prenez, dans une ruche quelconque, un cadre contenant du miel avec un peu de couvain operculé, mais sans œufs ni larves, puis flanquez-le, de chaque côté, de deux cadres bâtis, également pourvus de miel.

Découpez ensuite, à l'aide des ciseaux, et avec précaution, un des alvéoles maternels de B, en ayant soin de conserver un onglet ou talon pour le saisir (fig. 110).

Introduisez cet alvéole au centre du cadre de couvain operculé, ou bien placez-le dans le couloir de deux cadres adjacents, en le maintenant serré.

Cela fait, placez devant l'entrée de la ruchette une *tôle perforée*, ne permettant pas à une femelle de

Fig. 110. — Greffage d'un alvéole maternel dans un cadre de couvain.

passer, et brossez devant l'entrée de la ruchette le contenu de deux cadres bien fournis d'abeilles.

Transportez ensuite la ruchette dans un endroit obscur, pendant deux jours, afin que les abeilles qu'elle contient ne retournent pas dans leur ancien logement. Enfin replacez-la dans l'apier où, au bout de dix à douze jours, si le temps est propice, la jeune reine est fécondée.

Dès lors la ponte commence dans la ruchette, et vous pouvez vous emparer de la jeune mère pour la substituer à la vieille que vous voulez supprimer.

Introduction d'une mère étrangère dans une colonie orpheline.

Avant d'introduire une jeune mère de remplacement, si vous ne voulez pas l'exposer à une mort certaine, vous devez d'abord rendre la colonie orpheline.

Dans ce but, emparez-vous de la vieille femelle, après l'avoir cherchée sur les cadres du centre, à l'endroit où l'on remarque des œufs fraîchement éclos. Au cas où la mère, prise de panique, chercherait à s'enfuir à l'une ou à l'autre des extrémités de la ruche, il serait difficile de s'en emparer autrement qu'en visitant successivement chacun des cadres, et encore a-t-on des chances de ne pas l'apercevoir, parce qu'elle a pu se cacher sous un groupe d'abeilles ou dans un recoin quelconque de la ruche. Si l'on ne trouve pas de suite la reine sur son couvain, il vaut mieux abandonner provisoirement la poursuite, pour la reprendre une heure ou deux après.

Lorsque la mère a été prise et tuée, mettez la nouvelle dans une *cage à reine* (fig. 111), simple tube en toile métallique fermé par un bouchon, et placez le tube entre deux cadres, au-dessus du nid à couvain. Le lendemain, visitez la ruche à nouveau, et voyez quelles sont les intentions des orphelines pour leur nouvelle souveraine : si elles paraissent bien disposées en sa faveur, remplacez le bouchon de liège par un simple tampon de cire, que les

Fig. 111. — Cage à reine.

abeilles déchireront pour délivrer la femelle ; dans le cas contraire, attendez encore quelque temps.

CHAPITRE XIII

FABRICATION DE L'HYDROMEL ET DU VINAIGRE

Le bon hydromel est assez difficile à fabriquer. —Les méthodes nouvelles. Prescriptions. — Le levain est nécessaire. — Méthode rationnelle de fabrication à la portée de tous. — Pour réussir son hydromel. — Marche à suivre. — Le bon vinaigre de miel. — Explication scientifique. — Procédé économique de fabrication.

Le bon hydromel est difficile à fabriquer. — La fabrication de l'hydromel a été décrite par la plupart des auteurs apicoles, des ouvrages spéciaux ont même été consacrés à la question (1), et l'on pourrait croire que le sujet est définitivement épuisé.

Il n'en est rien. La fabrication de cette boisson fermentée, que les anciens qualifiaient de liqueur des dieux, et de vin du mont Hymette, reste toujours capricieuse et mal définie.

Cela provient de ce que le moût sucré, formé par une certaine quantité de miel dans l'eau, constitue un milieu neutre favorable au développement des ferments

(1) Voy. BOULLANGER, *Industries agricoles de fermentation* (Encyclopédie Agricole).

de toute nature qui se trouvent un peu partout, dans l'air, l'eau et les récipients destinés à contenir l'hydromel. Ces infiniment petits, végétaux et animaux, viennent contrecarrer l'action de la levure, qui a pour mission de dédoubler le sucre en alcool et en acide carbonique.

Si la fermentation languit, le *mycoderma aceti* ne tarde pas à apparaître, en apportant avec lui l'amertume et l'acidité qui le caractérisent.

D'autre part, le moût de miel est extrêmement pauvre en substances azotées et en sels phosphatés; il en résulte que les levures, même ensemencées dans de bonnes conditions, ne trouvent pas les matériaux qui leur sont nécessaires, et la fermentation languit. Pour obvier à cet inconvénient, de Layens avait proposé de mélanger au miel destiné à être transformé en hydromel du pollen d'abeilles, substance riche en azote. La pratique ayant démontré que les hydromels obtenus de cette manière avaient toujours un arrière-goût détestable, ce procédé est à peu près délaissé aujourd'hui.

Méthodes nouvelles. — C'est alors que se sont généralisées les méthodes plus rationnelles et moins aléatoires, par l'emploi des *levures sélectionnées* de l'*Institut La Claire*, et *les sel nourriciers* de MM. *Gastine* et *Kayser* (1).

(1) Voy. KAYSER, *Microbiologie agricole* (Encyclopédie Agricole).

Ces procédés réussissent généralement bien, si l'on a soin d'observer les prescriptions suivantes :

1º Stériliser le moût et les récipients destinés à le recevoir ;

2º Ensemencer avec une bonne levure de *saccharomyces ellipsoïdeus* ;

3º Donner de la nourriture à la levure ;

4º Empêcher toute contamination du moût par les ferments étrangers ;

5º Observer une température de 20 à 25 degrés, pendant toute la durée de la fermentation.

Voici le résumé de la méthode *Jacquemin* :

Le levain est nécessaire. — Préparez un levain dans une bonbonne ébouillantée avec :

Eau bouillie....................	10 litres
Miel..........................	1 kg. 5
Acide tartrique.........	10 grammes
Sels nourriciers La Claire........	20 —

Dès que le liquide n'est plus qu'à la température de 30 à 35 degrés, ajoutez 1 kilogramme de levure, munissez la bonbonne d'une bonde Noël, et placez-la dans un local à 20 degrés.

Au bout de cinq à six jours, préparez le moût en faisant dissoudre, dans 100 litres d'eau bouillante : 30 kilogrammes de miel, 60 grammes d'acide tartrique, 60 grammes de sels La Claire. Dès que la température du tonneau est descendue au voisinage de 30 degrés, versez le contenu de la bonbonne dans le tonneau et munissez-le d'une bonde aseptique quelconque, jusqu'à ce que la fermentation soit jugée suffisante.

Méthode rationnelle de fabrication à la portée de tous. — Elle a l'avantage de paraître moins suspecte et plus économique que celle des levures de laboratoire, et tout à fait à la portée de l'apiculteur disposant d'un petit jardin, et pouvant par conséquent récolter toutes sortes de fruits tels que _raisins, pommes, poires, groseilles, mûres, airelles myrtilles, framboises, sorbes_, etc.

C'est, en somme, la généralisation scientifique de la méthode Godon que nous voudrions voir appliquer partout, parce qu'elle permet l'obtention d'un hydromel de marque, toujours bien réussi, portant en lui le bouquet et l'arome qui caractérisent les fruits, et que l'on peut tempérer et faire varier en changeant les proportions.

Voici la manière d'opérer pour réussir son hydromel :

_1°_ Procédez d'abord à un rinçage énergique du fût destiné à servir à la fabrication, en vous servant, pour cela, d'eau bouillante, à défaut de vapeur. Bondonnez aussitôt.

_2°_ Faites bouillir dans une chaudière, en une ou plusieurs fois, la quantité d'eau nécessaire au remplissage du tonneau. A cet effet, vous pouvez utiliser les eaux miellées provenant du lavage des divers ustensiles ayant servi à la récolte du miel. Écumez le liquide qui surnage, et entonnez-le bouillant dans le fût.

Généralement, le mélange se fait dans la proportion de 350 à 400 grammes de miel pour un litre d'eau. D'ailleurs, le glucomètre, plongé dans le moût sucré et refroidi, doit marquer 24 à 25 degrés si vous voulez obtenir un bon hydromel sec, et 26 à 27 degrés pour l'hydromel liquoreux. Vous pouvez fabriquer de la boisson moins alcoolique ; mais elle est d'une conservation plus difficile, et vous devez la consommer plus tôt.

3° Faites dissoudre, dans une casserolée de moût bouillant, des sels nourriciers à base de *bitartrate de potasse* et de *phosphate d'ammoniaque*. La formule de Gastine est excellente ; la voici :

```
Bitartrate de potasse....................  600
Tartrate neutre d'ammoniaque...........  350
Acide tartrique........................  250
Phosphate bibasique d'ammoniaque......  100
Sulfate de chaux..  ....................   50
Magnésie...............................   40
Sel de cuisine.........................    8
```

3 ou 4 grammes par litre, soit 400 grammes par feuillette, et 700 grammes pour une pièce.

4° Cueillez les fruits destinés à apporter la levure, en ayant soin de les choisir bien mûrs ; écrasez-les, puis, lorsque le moût n'est plus qu'à la température de 30°, versez pulpe et jus dans le tonneau. Les quantités à employer sont, pour 100 litres : *cerises*, 15 kilogrammes ; *raisins*, 7 kilogrammes ; *sorbes*, 10 à 12 kilogrammes ; *pommes* ou *poires*, 25 kilogrammes ; *fraises*, *framboises*, *groseilles* diverses, *mûres*, 8 kilogrammes environ. Ces chiffres n'ont rien d'absolu, et ils peuvent être dépassés sans inconvénient.

Pour le choix des fruits, vous consulterez votre goût ; mais l'hydromel fabriqué avec les fruits en dernier lieu énumérés, et en mélange, soit 2 kilogrammes de chaque sorte, est celui, à notre avis, qui nous a toujours paru posséder le meilleur bouquet.

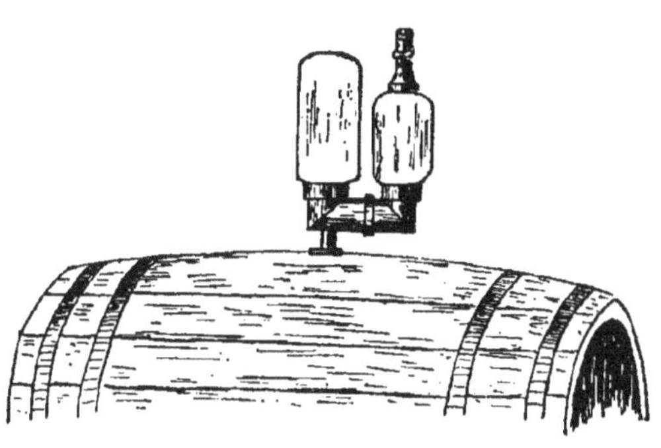

Fig. 112. — Bonde Noël.

5° Dès que les sels et les fruits se trouvent dans la solution miellée, vous soumettez le liquide à une température de 20 à 25°, après avoir adapté à la bonde du tonneau l'aseptique Noël (fig. 112). A défaut, vous introduisez dans la bonde un tuyau de caoutchouc rigide, dont vous suiffez le pourtour, et vous laissez barboter l'extrémité dans un récipient contenant de l'eau, afin que la fermentation se fasse totalement à l'abri de l'air (fig. 113).

6° Pendant le cours de la fermentation, agitez le moût pour noyer le chapeau, en roulant le tonneau une paire de fois sur lui-même, puis, lorsque la fermentation est arrêtée, ou sur le point de l'être, mettez le fût au frais. Soutirez quelques jours après, en ajoutant 10 grammes de tanin par hectolitre, ouillez et faites le plein avec des cailloux de rivière bien lavés. Si un deuxième soutirage est nécessaire, faites-le encore ; enfin procédez à l'embouteillage.

L'hydromel fait par ce procédé sera toujours parfait à tous les points de vue, ce qui n'empêche pas d'en obtenir également du bon, sans pratiquer l'ébouillantage ni l'addition des sels ; mais il faut augmenter la dose de fruits ; et l'on n'est pas précisément à l'abri des accidents de fabrication.

Le bon vinaigre de miel. — Le point de départ, pour obtenir un bon vinaigre, c'est d'opérer avec un hydromel bien fabriqué, titrant seulement 7 à 8° d'alcool. Les hydromels liquoreux, c'est-à-dire contenant encore du sucre, ne conviennent pas, et il faut leur faire subir une fermentation, après les avoir étendus d'eau pour les ramener au degré convenable ; mais il ne faut jamais espérer produire de bon vinaigre en traitant des hydromels tournés et des fonds de fûts.

Nous savons aujourd'hui, grâce à Pasteur, que la transformation des boissons alcooliques en vinaigre se fait sous l'influence d'un cryptogame microscopique, le *mycoderma aceti*, qui décompose l'alcool en acide carbonique et en eau.

Toute la difficulté de fabrication consiste à empêcher le développement de ce ferment et celui d'une autre maladie parasitaire produite par les *anguillules*.

Pour obtenir un bon vinaigre, il faut :

1° Disposer d'un milieu déjà acide ;

Fig. 113. — Barboteur pouvant remplacer la bonde.

2° Empêcher le voile de devenir trop épais ;

3° Ne jamais noyer le voile ;

4° Arrêter la fabrication dès que l'alcool est transformé ;

5° Veiller à ce que le liquide ne contienne pas d'anguillules.

Nous ne voulons pas nous étendre ici sur les procédés industriels qui ne sont pas à la portée des apiculteurs ; nous nous contenterons de décrire un procédé de fabrication simple et facile, donnant toujours de bons résultats (1).

Procédé de fabrication économique. — Construisez un cylindre en bois, cerclé de fer, monté sur

Fig. 114. — Vinaigrier de ménage pour la transformation de l'hydromel en vinaigre.

tourillons (fig. 114) et pouvant pivoter autour de son axe comme une baratte danoise. Chacun de ses fonds est percé d'une ouverture fermée par une fontaine de tonneau.

Pour fabriquer 25 litres de vinaigre à la fois, le récipient doit cuber 70 à 80 litres.

1° Commencez par remplir le tonneau de copeaux de hêtre ;

2° Versez dedans 2 ou 3 litres de fort vinaigre bouillant, faites tourner le récipient pour imbiber les copeaux et stériliser le fût ;

3° Remplissez avec de l'hydromel titrant 7 ou 8° et, deux ou trois fois par jour, faites basculer le fût, en bouchant chaque fois la cannelle du bas et en ouvrant celle du haut. Au bout de douze à quinze jours, le vinaigre est fait : vous pouvez soutirer et mettre en bouteilles.

La température la plus favorable à l'acétification de l'hydromel est comprise entre 25 et 28°.

(1) Voy. Pacottet, *Eaux-de-vie, Vinaigres, Marcs* (Encyclopédie Agricole).

CHAPITRE XIV

DEUXIÈME RÉCOLTE ET MISE EN HIVERNAGE

La deuxième miellée. — Le miel d'arrière-saison. — On doit éviter les prélèvements outrés. — Quand faut-il récolter ? — Récolte des ruches horizontales et mise en hivernage. — Récolte des ruches à hausses, leur mise en hivernage. — Les ruches vulgaires — Que faire des ruches orphelines ? — Surveillance d'arrière-saison. — Le rucher en hiver.

La deuxième miellée. — Dans le cours de la deuxième quinzaine de juillet, après une période d'inactivité forcée, pendant laquelle le pillage est à craindre, on voit reparaître tout à coup, comme par enchantement, la luzerne et les sainfoins des prairies artificielles.

Quand le temps est au beau, cette nouvelle miellée provoque une recrudescence d'activité dans les colonies, laquelle se traduit par l'emmagasinement de nouveaux apports, et une augmentation de la ponte des mères.

Pour ces deux raisons, la deuxième miellée joue un rôle important dans la prospérité des ruches, car elle permet aux abeilles de compléter l'approvisionnement de leur garde-manger pour l'hivernage ; de plus, en produisant de nouvelles générations d'ouvrières, pour entrer dans la période d'hivernation, durant laquelle elles conserveront leur vigueur et leur énergie, on est certain de voir reparaître, au printemps suivant, tout un contingent d'abeilles actives qui pourront conduire à bien l'élevage printanier du couvain.

Le miel d'arrière-saison. — Lorsque la deuxième miellée est abondante, l'apiculteur peut encore faire des prélèvements de miel ; mais, comme le miel de deuxième coupe est moins estimé que celui des premières fleurs, on peut l'utiliser à un autre objet, soit qu'on le réserve pour la fabrication du *pain d'épice*, ou bien qu'on l'utilise à la fabrication de l'hydromel et des autres liqueurs au miel.

Mais nous voudrions mettre en garde les débutants contre les prélèvements outrés qu'ils sont toujours tentés de faire dans certaines ruches, au détriment de ces dernières. Il ne faut pas oublier que la *deuxième récolte doit se confondre avec la mise en hivernage*, pour la répartition équitable des provisions.

Certains apiculteurs ont l'habitude de ne pas faire de prélèvements à la deuxième récolte : ils se contentent de faire construire de la cire aux abeilles, et ils abandonnent le reste comme provisions d'hiver. A cet effet, il retirent un certain nombre de cadres bâtis, mitoyens du nid à couvain, et ils les remplacent par des cadres garnis de cire gaufrée.

Cette méthode a du bon ; mais il ne faut pas en exagérer l'importance, car *l'élaboration de la cire doit marcher de pair avec la récolte du nectar*, et, pour produire son maximum, il est nécessaire que l'abeille puisse emmagasiner du miel, en même temps qu'elle sécrète de la cire.

Quand faut-il récolter ? — Dans les pays de grande culture, cette récolte doit être faite lorsque les dernières fleurs des prairies artificielles sont sur le déclin, mais sans attendre leur disparition complète, pour éviter les piqûres et les risques de pillage. Lorsque la végétation spontanée est abondante et variée, et qu'elle comprend le *serpolet*, les *sanves*, le *sarrasin*, la *bruyère*, on peut reculer la récolte jusqu'à la mi-août, par exemple, sans toutefois attendre le refroidissement de la température.

Il est nécessaire, lors de cette dernière visite, d'examiner attentivement l'intérieur des colonies et de prendre minutieusement note des quantités de vivres restant en magasin, afin de les compléter si besoin est ; en même temps, pour assurer la concentration des abeilles durant l'hivernage, on aura soin de rassembler les cadres de miel le plus près possible du nid à couvain, en procédant à peu près comme il suit :

Récolte des ruches horizontales et mise en hivernage. — Après un enfumage modéré par le dessus, en commençant par le premier cadre placé contre la paroi, du côté de la porte d'entrée, vous placez provisoirement un ou deux cadres dans une ruchette, pour faciliter la manœuvre, puis vous examinez successivement tous les autres, en ayant soin de ne découvrir la ruche qu'au fur et à mesure des besoins.

La quantité de miel et de couvain contenue dans les rayons est estimée, ainsi que la population d'abeilles qu'ils portent, en remontant chacun deux d'un cran, et en exécutant la manœuvre le plus vite possible.

Arrivé aux cadres vides, vous récapitulez sur le carnet le résultat de vos observations.

Supposons que la colonie possède 60 décimètres carrés de miel operculé, sur les deux faces, ce qui représente une vingtaine de kilogrammes de miel : cette ruche se trouve dans une situation excellente pour passer l'hiver; mais il faut bien se garder de lui prendre ses provisions. Vous vous contenterez seulement de changer de place les cadres de miel, en plaçant ceux qui en contiennent le plus à côté du couvain, afin que les abeilles aient des vivres à leur portée, et qu'elles puissent s'en emparer facilement pendant la saison froide.

Cette prescription, qui est d'une importance capitale avec les ruches à cadres bas que l'on a vu mourir d'inanition pendant les périodes de réclusion prolongée, a moins de valeur lorsqu'il s'agit de cadres hauts

comme ceux de Layens, voire même avec les Dadant.
Dans tous les cas, il est bon de l'observer pour éviter
du travail inutile aux abeilles.

Si la colonie visitée contient moins de 18 kilogrammes de provisions, il est nécessaire de les
compléter en ajoutant un ou plusieurs cadres de
miel, pris à des ruchées qui en ont trop, ou bien
en faisant des distributions de sirop de sucre.

A la suite des cadres de miel, vous ajoutez des
rayons bâtis qui ont pour objet de concentrer la chaleur,
au même titre que la planche de partition, mais vous
enlevez les deux ou trois derniers cadres, et vous
retirez la planchette extrême, dans le but d'établir un
courant d'air continu, fonctionnant par le jeu du trou
de vol et des ventilateurs de la toiture, le courant
d'air, en faisant évacuer l'excès de vapeur d'eau
produite par les abeilles en hivernage, empêchera
les cires de moisir et l'humidité d'envahir les ruches.

Récolte des ruches à hausses. — Leur visite
est souvent plus difficultueuse que celle des ruches
horizontales.

Tout d'abord, vous enlevez les hausses pour les
récolter ; mais avant de les passer à l'extracteur, vous
devez visiter les corps de ruches, en procédant de la
même manière que nous l'avons indiqué pour les
horizontales, afin de voir s'ils contiennent les 18 ou
20 kilogrammes de miel nécessaires à l'hivernage.

Au cas où la quantité prescrite ne serait pas

atteinte, ce qui est assez fréquent, il faudrait la parfaire en échangeant quelques cadres vides avec ceux des colonies qui ont trop de vivres, c'est-à-dire en faisant une répartition judicieuse de miel operculé. Si, après cela, certaines ruches étaient encore insuffisamment pourvues, on pourrait compléter avec du sirop de sucre, ou mieux on désoperculerait un ou deux cadres de hausses, que l'on placerait à l'une des extrémités de la ruche, et que l'on retirerait dès que les abeilles les auraient vidés.

Les hausses extraites sont replacées sur les ruches pour faire nettoyer les cadres aux abeilles, puis on les remise au grenier ; ou, plus simplement, on les *laisse en place*, après avoir remis les planchettes sur le corps de ruche, et les avoir recouvertes d'une petite épaisseur de vieux journaux, cela pour éviter les transports toujours besogneux.

Ce procédé, que nous mettons en pratique depuis plusieurs années, nous réussit très bien ; de plus, en laissant un petit intervalle entre les deux dernières planchettes, les abeilles peuvent surveiller les cires et les défendre de la *fausse teigne* et des *rongeurs*, sans que l'on soit obligé de les placer dans une armoire étanche, et de les soufrer à plusieurs reprises pour tuer les *galléries*.

Il est toujours bon, lors de la dernière visite, quel que soit le modèle de ruche en usage, de provoquer une recrudescence de la ponte par un léger nourrissement au sirop, ou en désoperculant un rayon, dans le but de faire éclore de nouvelles abeilles avant l'arrivée des froids.

Récolte des ruches vulgaires. — Il est trop tard pour récolter les ruches vulgaires par la méthode du tapotement, parce que les essaims formés ne pourraient être que d'un maigre profit, puisqu'ils ne devraient servir qu'à renforcer les ruches faibles. Tout au plus pourrait-on se résoudre à pratiquer la *taille* sur les colonies *grasses*, en détachant quelques gâteaux à l'aide d'un long couteau que l'on fait glisser le long de la paroi du panier.

Mais la taille est une opération peu recommandable, et il vaut mieux s'en abstenir.

Inutile de dire que la récolte par asphyxie, au moyen du soufre, est une pratique inintelligente et barbare, indigne d'un apiculteur qui aime ses abeilles et cherche à en retirer profit. Elle tend d'ailleurs de plus en plus à disparaître de nos campagnes.

Que faire des ruches orphelines ? — Qu'il s'agisse de ruches à cadres ou de paniers, chaque fois que, lors de la mise en hivernage, on constate l'absence complète de couvain, c'est que la colonie est *orpheline*.

Vous devez lui fournir *une mère fécondée*, prise dans une ruchette, ou achetée au dehors, en prenant les précautions prescrites pour son introduction. Au cas où vous n'auriez pas de mère disponible, vous exécuteriez le tapotement d'un panier destiné à être récolté, et vous feriez entrer tout son couvain et l'essaim dans la ruche à cadres, après avoir brossé les abeilles qu'elles contient devant l'entrée, de façon qu'elles y entrent les dernières. Ne pas oublier de communiquer aux abeilles la même odeur avant la réunion.

Surveillance d'arrière-saison. — Un peu plus tard, lorsque les abeilles ne font plus que de rares sorties, et que la mauvaise saison approche, revoyez encore vos ruches pour vous assurer qu'il n'y manque rien ; les coussins, paillassons ou vieux journaux, placés sur les ruches, doivent être assez épais et assez abondants pour qu'il ne puisse pas se produire de déperditions de chaleur ; de plus, les toitures doivent être parfaitement étanches, pour garantir les abeilles de l'humidité provenant du dehors.

Afin d'assurer l'écoulement des eaux de pluie et de celles provenant de la condensation des vapeurs, il ne faut pas oublier de surélever l'arrière des ruches de quelques centimètres, afin de leur procurer une légère inclinaison d'arrière en avant qui empêchera l'eau de séjourner sur les plateaux.

En outre, pour assurer le renouvellement de l'air, on introduira sous la tranche inférieure de la ruche, à l'arrière, de petites cales de bois de 5 millimètres d'épaisseur (fig. 115). Quant au trou de vol, on le laissera largement ouvert, 10 à 15 centimètres d'ouverture, et on s'abstiendra de le fermer avec des grilles ou portes perforées, qui gênent toujours les travaux de nettoyage et l'enlèvement des cadavres.

Lorsqu'il s'agit de paniers ou de ruches à cadres en mauvais état, il faut passer une inspection minutieuse des parois, et réduire la hauteur des entrées à

Fig. 115, — Ruche disposée pour l'hivernage.

8 millimètres de hauteur, afin d'empêcher les rongeurs de s'introduire dans la ruche pour y élire domicile pendant la saison froide. Pour cela, il suffit de fixer au-dessus du trou de vol des bandes de fer-blanc servant d'armature laissant seulement l'ouverture nécessaire, soit 8 millimètres.

Les paniers décrépis sont enduits à nouveau avec du pisé, et les capuchons remis en état.

Le rucher en hiver. — L'hiver, il n'y a rien à faire au rucher.

L'apiculteur prévoyant occupe ses loisirs à fabriquer de nouvelles ruches et à réparer les anciennes; il fond sa cire, l'épure pour la vente ou la préparation de la cire gaufrée, et il utilise son miel à la fabrication du pain d'épice et des mille et une recettes dont nous allons parler.

Dès l'instant qu'il a laissé à ses abeilles les provisions qui leur sont nécessaires, et qu'il les a protégées des intempéries, il peut être tranquille sur leur compte : il les retrouvera au printemps prochain, en bon état, toutes disposées à se multiplier et à travailler à nouveau.

Surtout observez toujours le plus profond silence aux abords de l'apier, et n'allez pas, comme certains novices ont l'habitude de le faire, frapper contre la paroi des ruches pour écouter le bruissement des abeilles, dans le but de savoir si elles sont toujours en vie.

Tous les dérangements intempestifs provoquent un trouble dans les colonies, et il s'ensuit une consommation inopinée de miel, qui se traduit par des troubles digestifs pouvant occasionner un commencement de *dysenterie*.

Veillez aussi à ce que les animaux, quels

qu'ils soient, ne puissent s'approcher des ruches.

De temps à autre, après les chutes abondantes de neige, dégagez le devant des ruches de la neige qui intercepte le trou de vol, et passez une petite raclette, doucement et sans bruit, pour retirer les cadavres qui pourraient obstruer l'entrée.

CHAPITRE XV

LA FONTE ET L'ÉPURATION DE LA CIRE

Les travaux d'hiver. — Fusion à l'eau chaude. — Production de la cire par pression. — Presses à vis. — Cérificateurs solaires.

Les travaux d'hiver. — La fonte de la cire se fait surtout pendant la saison morte, parce que, à cette époque, on dispose de plus de loisirs. Mais l'apiculteur qui veut éviter les ravages de la fausse teigne, ou ne pas être obligé de pratiquer le soufrage de ses déchets de cire, rayons et opercules, peut très bien l'exécuter aussitôt la récolte (1).

La fonte et l'épuration des cires est une opération assez complexe et difficile, lorsqu'on ne dispose pas d'un matériel approprié ; comme ce produit a une grande valeur commerciale, il convient de ne pas le laisser perdre et d'en abandonner le moins possible dans les marcs.

D'ailleurs, par suite de l'extension du mobilisme, et le remplacement de l'antique panier, qui produisait

(1) Pour plus de détails, voir *Les Cires*, par C. Arnould (librairie J.-B. Baillière et fils)

beaucoup de cire, par la ruche à cadres, qui n'en fournit presque plus, la cire d'abeilles acquiert une valeur marchande de plus en plus élevée.

Donc nous ne saurions trop recommander aux apiculteurs, petits et grands, de ne jamais laisser perdre

Fig. 116. — Fusion de la cire au four.

la moindre parcelle de cire, mais de la recueillir et de l'épurer pour la mettre en pains et la livrer au commerce où elle trouvera une foule d'applications.

Parmi les procédés de fonte et d'épuration à adopter, nous passerons d'abord en revue les méthodes qui permettent aux petits apiculteurs d'obtenir, sans matériel spécial, une cire marchande, bien, épurée.

Fusion au four. — Divisez les débris de vieux rayons, quand bien même ils contiendraient encore du miel, dans une passoire assez finement perforée pouvant se placer sur une terrine ou tout autre récipient allant au feu. Le tout est mis au four, après la cuisson du pain, voire même dans un four de cuisinière, modérément chauffé (fig. 116), en exerçant la plus grande surveillance pour empêcher la cire de brûler.

Sous l'action de la chaleur, la cire et le miel fondent, en abandonnant les déchets de cocons, le pollen et la propolis, et viennent tomber au travers de la passoire, dans le vase inférieur, où ils se séparent, en vertu de leur poids spécifique, en deux produits distincts : le miel occupe le fond du récipient, la cire flotte à la surface, les impuretés se trouvent entre les deux substances.

Lorsque la fusion est à peu près complète, retirez les récipients et placez la terrine dans un endroit tempéré, où la solidification se fera lentement, car *plus la prise est lente, mieux la cire s'épure*. Pour retarder le refroidissement, jetez sur le vase un objet mauvais conducteur de la chaleur, paille ou vieille couverture.

Quand la masse est refroidie, vous êtes en possession d'une plaquette de cire plus ou moins épaisse, que vous retirez du récipient, et dont vous grattez la face inférieure, afin d'enlever toutes les particules noirâtres qui se sont accolées après.

La cire nettoyée, faites-la refondre au bain-marie, mais ne la coulez dans le moule qui devra lui donner sa forme définitive que lorsque la température de la masse en fusion sera tombée à 65°, et ce afin d'éviter les retraits et les fendillements du pain. Recouvrez encore les moules avec des toiles ou de vieux sacs pour retarder la solidification.

Au cas où vous n'auriez pas en votre possession le moule classique trapézoïdal, en fer-blanc étamé, vous pouvez très bien le remplacer, pour le coulage, par un vase quelconque en verre ou en poterie vernissée. A ce sujet, les verres sans pied, tronconiques, conviennent très bien, parce qu'ils donnent de petits bâtons de cire d'un emploi commode.

Pour empêcher l'adhérence de la cire contre les parois des moules, il convient de les graisser légèrement avec de l'eau de savon ; toutefois, les vases à parois lisses, tenus en parfait état de propreté, n'ont besoin de rien.

Fusion à l'eau chaude. — La cire fondue à l'eau bouillante est généralement de belle qualité, à condition que le chauffage soit modéré, et que la flamme ne vienne pas lécher les parois de la marmite, au-dessus de l'eau qu'elle contient, pour roussir la cire en brèche.

Le choix du récipient importe peu, et vous pouvez

employer une marmite en cuivre ou une lessiveuse de ménagère, mais délaissez la fonte qui est réputée comme brunissant la cire, et opérez ainsi qu'il suit :

La bouilleuse étant sur le feu, aux deux tiers pleine d'eau et prête à bouillir, versez vos brèches dedans ; puis, lorsqu'elles sont liquéfiées, prélevez avec la passoire à purée (fig. 117) les déchets qui surnagent et que vous laissez égoutter. Épuisez-les le plus possible en versant de l'eau bien chaude, prise dans le réservoir adjacent, avec une casserole.

Quand l'eau coule claire, mettez le marc provisoirement dans un baquet, car il contient encore un peu de cire et il pourra être repris par la suite.

Au bout d'une dizaine de minutes, par ce procédé d'écrémage et de lavages successifs, vous avez pu prélever la majeure partie des impuretés, cocons, pollen, etc., qui flottaient à la surface ; dès lors, retirez la bouilleuse du feu, et, après l'avoir entourée de vieux sacs, pour retarder le refroidissement de la cire et augmenter son degré d'épuration, vous l'abandonnerez jusqu'au lendemain.

Le pain de cire obtenu est cylindrique ; il n'y a qu'à le gratter et à envoyer les raclures dans le bac aux résidus ; puis on fait refondre et on coule comme il a été dit plus haut.

Il n'y a plus qu'à nettoyer la lessiveuse et la passoire en employant de l'eau bien chaude, et en ayant soin, pour ne pas s'attirer une avalanche de reproches de la part de la ménagère, de ne pas maculer de cire le fourneau et le plancher.

Restent les raclures et les marcs : attendez que vous en ayez assez pour faire ce que l'on appelle une

Fig. 117. — Fonte de la cire dans une lessiveuse de ménage.

« cuite » à part, pour ajouter le produit obtenu à de nouvelles cires en brèche.

Un autre procédé, peu recommandable, parce qu'i laisse jusqu'à 40 p. 100 de cire dans le marc, consiste à enfermer les vieux rayons dans un sac que l'on plonge dans l'eau bouillante d'une chaudière à cuire, en le maintenant au fond par une charge quelconque. La cire s'échappe par les mailles du tissu, monte à la surface de l'eau et peut être recueillie après soli-dification.

Une petite variante de ce système, donnant de meil-leurs résultats, consiste à enfermer les brèches dans un cylindre de toile métallique à mailles fines, muni d'un couvercle. La cire s'échappe assez facile-ment.

Quand on dispose d'une marmite munie d'un robinet de vidange, comme celle que représente la figure 118, l'eau chaude, soutirée par le bas, sert à laver les marcs tenus au-dessous dans une passoire.

Production de la cire par pression. — Les apicul-teurs produisant seulement une dizaine de kilogrammes de cire tous les ans ont avantage à se servir de presses, d'abord pour la simplicité du travail, et ensuite pour obtenir un ren-dement plus élevé en cire épurée.

La presse la plus simple, et certainement la plus écono-mique, se compose (fig. 119): d'un baquet ou demi-tonneau, dans lequel un piston P peut se mouvoir. Le disque D porte des

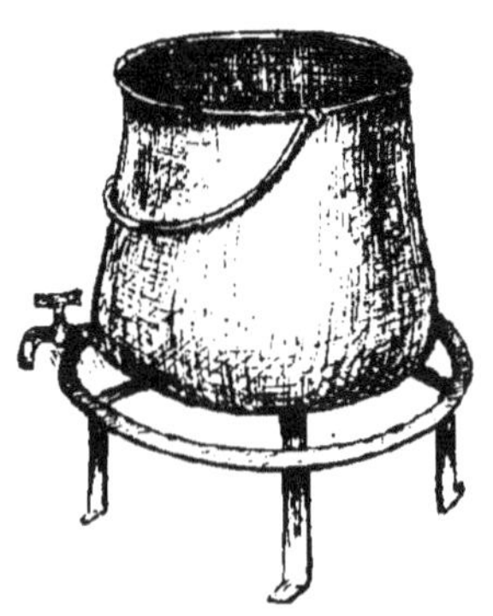

Fig. 118. — Marmite pouvant servir à la fonte de la cire et au lavage des marcs.

liteaux et il est actionné par un levier du deuxième genre obéissant à un bras de manœuvre.

Pour vous servir de cet appareil, commencez d'abord

par faire fondre dans une chaudière, avec une quantité d'eau suffisante, les bâtisses à épurer, soit environ, en une seule fois, 7 ou 8 kilogrammes de cire en branche.

Étendez dans le fond du baquet une toile de mousseline à fromages ou, à défaut, une grande toile d'emballage pouvant envelopper entièrement les débris. Après avoir développé la toile au fond du baquet, versez le contenu de la chaudière dedans, puis, après l'avoir recouvert de la toile, exercez sur la masse des pressions modérées : la cire s'échappe

Fig. 119. — Presse économique.

au travers de la toile et monte à la surface de l'eau, en même temps que la partie solide s'aplatit en galette au fond du tonneau. Continuez à presser en appuyant de plus en plus, jusqu'au moment où le marc n'a plus que 4 à 5 centimètres d'épaisseur.

Pour recueillir la cire, il n'y a plus qu'à ouvrir le trou ménagé à cet effet ; s'il n'en existe pas, ajoutez un peu d'eau chaude pour faire sortir la cire par l'orifice d'échappement O.

Tout le contenu du seau S est versé dans l'épurateur, qui n'est autre qu'un récipient plus haut que

16.

large, sur la paroi duquel sont échelonnés, à des hauteurs différentes, des robinets de soutirage. Lorsque l'on fait plusieurs pressées de suite, on soutire un peu d'eau par le robinet du bas, pour faire de la place.

L'opération terminée, recouvrez l'épurateur d'un linge, et attendez que la température du liquide ne soit plus qu'à 65°. A ce moment, procédez à la mise en moules, en commençant par les robinets du haut. Arrêtez aussitôt que vous voyez apparaître les impuretés.

Pour obtenir des cires d'une grande pureté, débarrassées de toute trace de souillure, il faut les coller, alors qu'elles sont liquides, en versant dedans un demi-litre d'acide sulfurique étendu de 2 litres d'eau pour 100 litres de cire à clarifier. Les cires noires, très sales, doivent voir ces quantités doublées.

Presses à vis. — Ce sont les plus puissantes, et conséquemment les meilleures. Il en existe de petites et de grandes.

Pour les apiculteurs non ciriers, un cérificateur dans le genre de ceux que représentent nos figures 120 et 121 est bien suffisant.

Ces appareils, pourvus d'un double fond, fonctionnent au bain-marie sur un fourneau de ménagère. L'eau s'introduit par l'une des douilles, l'autre sert d'indicateur pour le niveau. Ainsi construite, la chaudière est inexplosible. La cire, contenue dans une enveloppe perforée, très résistante, se trouve pressée

Fig. 120. — Presse extracteur à cire.

en galette sous l'influence du disque qui obéit au

Fig. 121. — Petite presse
à vapeur.

Fig. 122. — Petite presse
à vis.

pas de vis. Un espace vide est donc ménagé pour la
sortie de la cire liquide qui vient s'écouler par le clapet.

Une poignée de paille, placée au fond du récipient, facilite l'épuisement du marc.

Un autre modèle de presse à vis (fig. 122) est également à double paroi. La pression est exercée par une planchette garnie de liteaux en bois dur ; le fond est également latté pour activer le départ de la partie liquide.

Dès que le marc est fondu dans une chaudière, étendez une mousseline ou un linge clair au fond de la caisse, versez les cires liquéfiées, et emprisonnez-les dans le linge. Sous l'action énergique de la vis, la cire s'échappe par la gouttière où on la recueille.

Cet appareil donne d'assez bons résultats, à condition d'opérer avec célérité, afin de ne pas laisser à la cire le temps de se solidifier avant son expulsion.

De toutes les presses à cire, la meilleure, et celle qui permet d'obtenir les plus fortes pressions et d'épuiser le mieux le marc, c'est encore l'ancienne presse à levier, lorsqu'elle est bien établie.

Elle se compose (fig. 123) de deux forts montants MM, scellés dans un massif de béton A et consolidés à la base par deux chevilles. Ces montants sont reliés par deux traverses : l'une inférieure B, très large, sur laquelle la maie repose, la supérieure T, dans laquelle progresse la vis V qui doit actionner le mouton ou bloc de bois C. Le bas de la vis s'appuie sur une traverse mobile, pouvant se mouvoir verticalement dans des coulisses creusées sur la face interne des montants; il porte un renflement de fonte appelé lanterne L, muni de quatre cavités destinées à recevoir l'extrémité du levier, long de 2 à 3 mètres, destiné à l'actionner.

La maie D est une caisse en bois, cerclée de fer, dont le fond est muni de liteaux résistants en bois dur, autour desquels la cire liquide peut circuler pour venir

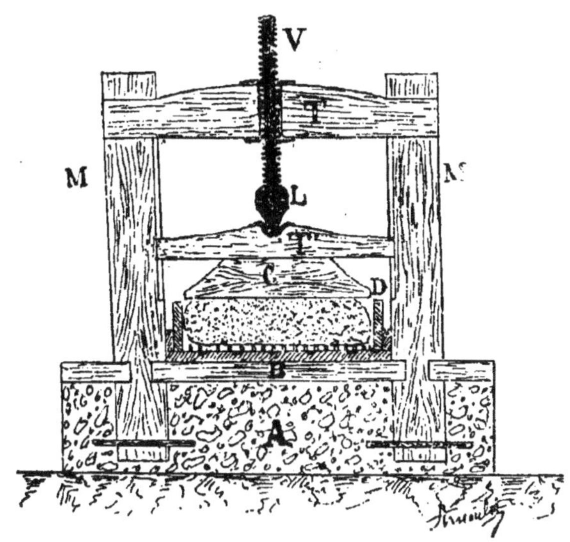

Fig. 123. — Coupe d'une presse ordinaire.

s'échapper par la gouttière. On la cale, pour la renforcer, lorsqu'on veut presser, par des taquets que l'on introduit entre elle et les montants.

Pour opérer avec cette presse, faites fondre 8 à 10 kilos de brèches, avec 20 ou 30 litres d'eau, dans une chaudière de cuivre placée à proximité de l'instrument. Étendez sur les liteaux du fond une

poignée de paille de seigle qui facilitera l'égouttage,
puis une toile suffisamment grande pouvant contenir,

Fig. 124. — Vue de la même presse en fonctionnement.

repliée, la totalité de la masse fondue versée dans la
maie.

Recouvrez encore d'une poignée de paille, puis
faites descendre le mouton (fig. 124) et pressez progressivement. La cire liquide coule dans le baquet

placé sous la gouttière : versez-la dans l'épurateur et traitez-la comme nous l'avons dit.

Cérificateur solaire. — Le cérificateur solaire est pratique lorsqu'il s'agit d'obtenir de la cire avec les jeunes cires provenant des rayons de construction récente, et celles d'opercules ; mais les vieilles brèches sont à peu près réfractaires, du moins dans notre pays, à la chaleur du soleil. Il ne faut donc pas s'exagérer la valeur de l'appareil.

L'avantage de ce cérificateur, c'est de fournir, sans travail et sans frais, une cire moulée de qualité tout à fait supérieure ; mais les marcs

Fig. 125. — Cérificateur solaire.

restants sont loin d'être épuisés, et ils doivent être repris par l'eau chaude.

Cet instrument se compose (fig. 125), d'une caisse parallélipipédique de dimensions variables, munie de rebords de 15 à 20 centimètres de hauteur. Le fond et les côtés sont doublés d'une feuille de tôle recouverte d'un vernis noir, et l'une des extrémités de la caisse porte quatre petits bassins mobiles, en fer-blanc étamé, que l'on peut vider lorsqu'ils sont pleins.

Le premier moule, placé en avant et au milieu des

deux autres, sert d'épurateur ; les belles cires passent dans les compartiments adjacents. L'extrémité du plan incliné A affleure le bord supérieur du premier moule, et la cire fondue est dirigée vers la gouttière par deux guides transversaux et obliques.

Vous pouvez faire varier à volonté l'inclinaison du cérificateur au moyen d'un pied encoché, afin que le soleil frappe le plus perpendiculairement possible sur le châssis vitré qui recouvre l'appareil.

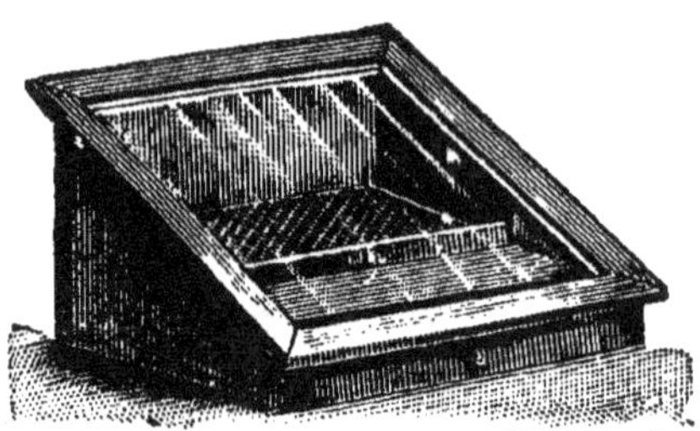

Fig. 126. — Céro-extracteur solaire.

Placez toujours l'instrument à un endroit bien exposé, face au midi, et jetez-y vos cires à mesure qu'elles se produisent, sans vous en inquiéter davantage.

Certains cérificateurs solaires (fig. 126) sont divisés en deux compartiments par une toile métallique, tendue horizontalement à mi-hauteur. Les cires brutes étant jetées sur la toile, les grosses impuretés sont retenues par la toile, et la cire obtenue est encore plus belle.

Étant donnée la simplicité de l'appareil, il est toujours loisible à tout apiculteur d'en construire un à peu de frais, pour son usage personnel et la fonte de ses opercules.

SIXIÈME PARTIE

USAGES DU MIEL ET DE LA CIRE

CHAPITRE PREMIER

LES PATISSERIES

Usages du miel. — Pain d'épice. — Gâteaux au miel. — Pets
de nonne au miel. — Gâteau bourbonnais au miel. —
Gâteau de noix au miel. — Nonettes des Vosges. — Dratchona
(gâteau russe). — Pain d'épice américain. — Langues de chat.
— Gâteau anglais au miel. — Biscuits de R. Mousset. —
Croquets au miel. — Petits biscômes. — Beignets soufflés. —
Gaufres au miel.

Usages du miel. — Dans un but de propagande,
nous rassemblons et classons ici les meilleures recettes
susceptibles de pousser à la consommation du miel,
pour en faciliter la vente. Toutefois, nous prévenons
nos lecteurs que, personnellement, nous n'avons pas
expérimenté encore la totalité des recettes qui nous
ont été fournies par les livres et les revues et que, en
conséquence, il est bon de ne les mettre en application
qu'après tâtonnement et réussite. Mais les échecs

tiennent souvent à un tour de main que l'on ne doit pas désespérer d'attraper en s'appliquant.

Il ne faut pas oublier que, en dehors de l'hydromel et du vinaigre dont nous avons déjà parlé, le miel peut être avantageusement utilisé à la fabrication du *pain d'épice* et d'une foule de *pâtisseries*, sans compter les *bonbons* et les *liqueurs* diverses, dont la réussite est assurée (1).

Chacune de ces parties devant être traitée séparément, nous commencerons par les *pâtisseries*.

Pain d'épice. — Nous connaissons tous le pain d'épice, à la croûte dorée, que l'on voit à la devanture des confiseurs et des marchands forains ; nous le mangeons en guise de dessert avec assez d'appétit, et les enfants en sont très friands.

Mais le pain d'épice du commerce est souvent fabriqué avec beaucoup de mélasse est très peu de miel ; comme la préparation de cette excellente pâtisserie ne présente guère de difficultés, nous allons indiquer la marche à suivre pour obtenir du pain d'épice véritablement pur, nourrissant et appétissant.

Prenez une livre de farine de blé, ou une livre de farine de seigle, ou mieux une demi-livre de chaque sorte, suivant vos préférences ; puis, une livre de miel, que vous faites liquéfier en le chauffant au bain-marie.

---

(1). Voy. Arnou, *Manuel du confiseur-liquoriste*. (Bibliothèque des connaissances utiles.)

Portez le miel à l'ébullition, écumez-le et versez-le dans la farine, en faisant le mélange à l'aide d'une cuillère en bois. La pâte obtenue est assez ferme : laissez-la refroidir pendant un quart d'heure, et reprenez-la pour la pétrir et la travailler convenablement.

Ainsi préparée, la pâte peut être conservée plus de quinze jours dans la huche, et vous avez même avantage à ne pas la cuire avant une huitaine.

Quand vient le moment de cuire, commencez par incorporer *deux jaunes d'œufs* à la masse, avec 5 grammes de *potasse perlasse* et 5 grammes de *carbonate d'ammoniaque* que vous faites dissoudre auparavant dans un peu d'eau. Vous pouvez aromatiser d'un peu de *cannelle*, de *fleur d'oranger*, de *vanille* ou d'*anis*, à votre choix, et enfin, quand le mélange est bien homogène, vous étendez la pâte au rouleau, en lui donnant une épaisseur de 2 centimètres environ.

Découpez ensuite, suivant la forme du moule, qui peut être une forme à biscuits, ou de simples plaques de tôle à pâtisserie, que vous devez légèrement lubrifier avec un peu d'huile douce.

Les moules sont mis au four, après la cuisson du pain, afin que la pâte ne soit pas surprise par un coup de feu ; vous pouvez encore faire cuire dans le four d'une cuisinière. La cuisson dure de quinze à vingt minutes.

Sous l'action de la chaleur, le carbonate d'ammoniaque se décompose, et le gaz qui s'échappe fait lever la pâte.

Quant à la décoration, elle est laissée au bon goût de la ménagère. Généralement ce sont les *écorces d'oranges* qui sont employées, ou encore de l'*angélique confite* et des *amandes fendues*.

Gâteaux au miel. — Chauffez, dans une casserole, huit cuillerées à soupe de *miel* et une livre de *sucre en poudre*. Laissez un peu refroidir, et ajoutez-y quatre œufs, 80 grammes de *citronnat* finement découpé, une livre d'*amandes* non pelées et moulues, une pincée de *potasse*, une pincée de *cannelle*, une autre de *clous de girofle* broyés, et autant de *farine* qu'il en faut pour pouvoir étaler la pâte au rouleau.

Donnez à la pâte 2 ou 3 millimètres d'épaisseur, et découpez à l'aide de petites formes. Disposez ensuite les gâteaux sur un fer-blanc, graissé préalablement avec un peu de beurre. Dorez ou non au *jaune d'œuf*, et faites cuire au four, à chaleur modérée.

Pets de nonne au miel. — Mettez dans une casserole un quart de litre d'*eau*, quelques grains de *sel*, trois grosses cuillerées de vieux *miel durci*, autant de *beurre* et un *zeste de citron* râpé.

Étant près de bouillir, retirez du feu, jetez-y de la *farine* pour faire une pâte, tournez vivement avec une cuillère en bois, afin qu'elle ne s'attache pas à la casserole, et de manière qu'elle soit uniforme. Cette pâte, rapidement faite, ne doit pas coller aux doigts.

Laissez refroidir un moment ; cassez un *œuf* avec ; tournez vivement pour l'incorporer, puis un autre œuf, et ainsi de suite, jusqu'à ce qu'elle soit maniable et quitte très lentement la cuillère au-dessus de la casserole. En dernier lieu, ajoutez *un des blancs d'œufs* battu en neige, sur les trois ou quatre que vous avez détournés. Laissez reposer la pâte une heure ou deux, si vous n'êtes pas pressé.

Pour cuire, prenez gros comme une noix de pâte. faites tomber dans la tourtière. Si la friture n'est pas trop chaude, en commençant, la pâte gonflera beaucoup et vous donnera des beignets soufflés, que vous servirez chauds ou froids, après les avoir saupoudrés de sucre. Lorsqu'on aromatise, soit à la fleur d'*oranger*, soit à la *vanille*, on le fait après le premier œuf.

Gâteau bourbonnais au miel. — Faites bouillir, dans un litre de lait, 200 grammes de sucre et 250 grammes de miel, avec un *bâton de vanille*. Écumez. Quand le liquide est tiède, retirez la vanille, ajoutez quatre *jaunes d'œufs*, ainsi que 200 grammes d'*amandes* finement coupées.

Ajoutez ensuite de la *farine*, en remuant jusqu'à ce que la pâte vous paraisse suffisamment épaisse.

Faites cuire au four, à petit feu, après avoir donné à la pâte la forme qui vous plaît le mieux.

Gâteau de noix au miel. — Préparez, dans la proportion de une cuillerée de farine, une grosse cuillerée de *miel*, et un *jaune d'œuf*, la quantité de pâte qu'il vous faut. Délayez la pâte ; puis, ajoutez les *blancs d'œufs en neige*.

Préparez ensuite une quantité de *noix*, hachées finement, dans la proportion de un quart du volume total du gâteau, et incorporez dans la masse.

Faites cuire à feu doux, dans une tourtière fortement beurrée. Ce gâteau doit être mangé froid.

Nonettes des Vosges. — 750 grammes de *miel*, un kilogramme de *farine de blé*, 200 grammes de *sucre en poudre*, une *demi-noix de muscade*, un peu de *citron* et d'*anis*, 2 grammes d'*ammoniaque*. Cuisez sur plaque farinée, en four chaud, et glacez au *sucre* ou au *miel*.

Dratchona (gâteau russe). — Battez six *œufs frais* pendant vingt minutes. Préparez, dans une casserole, une pâte composée d'une demi-livre de *farine de blé*, d'autant de *miel* et des *œufs* battus.

Ajoutez peu à peu, en malaxant, un verre à boire de crème bien fraîche.

Après avoir fait fondre un peu de *beurre* dans une tourtière, sur feu doux, versez-y la pâte jusqu'au moment où le gâteau a pris une belle couleur dorée.

Pain d'épice américain. — Faites bouillir 7ᵏᵍ,500 de *miel brun*, afin de pouvoir l'écumer proprement. Après refroidissement, ajoutez 15 *œufs* entiers, 8 grammes de *poudre à levain*, 10 grammes d'*ammoniaque liquide*, 1 kilogramme d'*amandes* découpées finement, 1 kilogramme de *citron*, 20 grammes de *cannelle*, 10 grammes de *muscade* et 9 kilogrammes de *farine*.

Travaillez la pâte énergiquement. C'est seulement huit jours après cette préparation, que vous la découpez pour la faire cuire.

Retirez du feu, et glacez avec du *sucre* et du *blanc* d'*œuf*. Ce pain d'épice se conserve longtemps frais.

Pour des quantités moindres, réduisez les produits proportionnellement.

Langues de chat. — Mélangez, à poids égal, des *œufs*, du *miel* et de la *farine* ; puis battez pendant vingt minutes. Versez la pâte, par cuillerées à café, dans une tourtière beurrée, en ayant soin de l'allonger en forme de langues, sans les laisser se toucher.

Gâteau anglais au miel. — Dans un kilogramme de *miel* très parfumé, ajoutez le jus de deux *citrons*, une pincée de *muscade* râpée, et une demi-livre de *beurre* frais. Pétrissez, le plus intimement possible, avec un kilogramme de *farine de blé* ; puis amincissez la pâte sous le rouleau, afin qu'elle n'ait pas plus d'un centimètre d'épaisseur. Découpez et faites cuire, très légèrement, avec un peu de *beurre*.

Biscuits au miel. — Prenez 240 grammes de beurre frais, 50 grammes de *miel*, un *œuf*, un peu de *rhum* et de *vanille* pulvérisée. Mélangez le tout, de façon à faire une pâte dure que vous roulerez en bâtonnets de la grosseur d'un doigt ; faites cuire au four, sur une plaque cirée.

Ces biscuits se conservent indéfiniment dans une boîte en fer-blanc à fermeture hermétique.

Croquets au miel. — Faites cuire 4 décilitres de *miel*, auquel vous aurez ajouté douze clous de *girofle* pilés et un peu de *cannelle*.

Mêlez une tasse à café d'*eau-de-vie* de mirabelles ou de prunes, et remuez en versant.

Pendant que le tout est encore chaud, ajoutez huit décilitres de *farine de gruau*, et faites-en une pâte épaisse que vous étendez et coupez à votre goût.

Faites cuire en tourtière beurrée, et enlevez avant refroidissement.

Petits biscômes. — Faites fondre 250 grammes de *miel* et ajoutez 50 grammes de *sucre* et 135 grammes d'*amandes* hachées.

Aromatisez avec un peu de *cannelle*, quelques clous de *girofle* et du *citronnat*. Pétrissez avec une quantité de farine suffisante pour obtenir une pâte ferme, que vous faites cuire au four, après l'avoir découpée sur une planche beurrée. Servez chaud.

Beignets soufflés. — Mettez dans une casserole 250 grammes de *miel*, 30 grammes de *beurre*, une cuillerée à bouche de *fleur d'oranger*, une pincée de *sel*, 1/5 de litre d'*eau*.

Faites bouillir dix minutes et laissez refroidir.

Incorporez en versant, peu à peu, et en tournant avec une cuiller, autant de farine qu'il en faut pour obtenir une pâte épaisse et bien liée.

Remettez le mélange sur le feu, et tournez-le jusqu'à ce qu'il commence à s'attacher à la casserole. Retirez du feu ; cassez deux ou trois œufs entiers ; mélangez intimement.

Faites chauffer dans une poêle du *beurre* et du *saindoux* à frire. Quand la graisse fume, jetez-y votre pâte, par tout petits paquets de la grosseur d'une noix. Servez chaud après avoir saupoudré de sucre en poudre.

Gaufres au miel.

Farine de gruau...............	250	grammes
Miel liquide...................	250	—
Crème fraîche.................	125	—
Œufs	2	œufs
Eau de fleur d'oranger.........	2	cuillerées à soupe

Délayez la farine avec le miel et la crème ; ajoutez la fleur d'oranger et les œufs.

Graissez le gaufrier, et faites cuire comme des gaufres ordinaires.

Cette excellente recette est extraite de « La santé par le miel ».

CHAPITRE II

LES CONFISERIES AU MIEL

Les bonbons au miel (au demi, au tiers et au quart). — Berlingots au miel. — Pastilles au miel. — Nougat au miel. — Pâte de guimauve au miel. — Autre pâte de guimauve. — Dragées au miel. — Chocolat au miel. -- Pastilles Lœtitia des Carmes.

Les bonbons au miel. — Pour se mettre à l'abri des rhumes, des laryngites, des amygdalites et de tous les maux qui ont leur siège dans la gorge et les voies respiratoires, il ne faut pas oublier de fabriquer des bonbons au miel, pour les sucer et les croquer préventivement.

Avec le miel, on obtient des bonbons d'arome et de goût différents, en faisant varier la quantité et la qualité des divers produits qui entrent dans leur fabrication (1).

Il y a trois sortes de bonbons :

1° Le *bonbon au demi*, composé à poids égaux de *miel* et de *sucre* ;

(1) Voy. Héraud, *Les secrets de l'alimentation*. (Bibliothèque des connaissances utiles.)

2° Le *bonbon au tiers* : 1/3 de *miel*, 1/3 de *sucre*, 1/3 de *beurre* ;

3° Le *bonbon au quart* : *miel*, *sucre*, *beurre* et *chocolat* par parties égales.

Au point de vue purement médical, c'est évidemment le bonbon au demi qui est le meilleur. Les bonbons au beurre ont un goût très fin, si on se sert de bons beurres frais, provenant de crèmes douces. Quant aux bonbons au chocolat, il sont en général préférés des enfants.

La fabrication de tous ces bonbons se fait d'une façon identique, en chauffant ensemble, sur feu doux, les quantités prescrites de miel et de sucre, et en ajoutant ensuite le beurre et le chocolat, pour les spécialités au tiers et au quart.

Pendant la chauffe, ayez soin d'agiter constamment pour empêcher la caramélisation. Au bout de vingt minutes environ, la réduction est suffisante ; néanmoins, on peut faire un petit essai en faisant tomber une goutte de liquide sur une plaque de marbre légèrement graissée, avec de l'huile sans goût, pour voir comment elle se comporte.

La préparation, étalée sur le marbre, se refroidit et devient pâteuse. Dès lors on la découpe en lamelles longitudinales, puis en travers, avec de forts ciseaux, en faisant tomber les bonbons dans du sucre en poudre qui les empêche de coller.

On les place ensuite dans des bocaux, après les

avoir saupoudrés de *sucre en poudre*, et on les conserve en local sec.

Berlingots au miel. — Faites tiédir un litre d'*eau*, dans lequel vous délayez 3 kilogrammes de *miel* liquide. Ajoutez le jus d'une demi-douzaine de *citrons* et cuisez au *petit boulé*, sur un feu doux, en ayant soin d'écumer. Aromatisez avec un peu de *vanille* ou de *cannelle*, puis versez sur une plaque de marbre.

Dès que la masse est malléable, avant qu'elle soit refroidie, pétrissez à la main ; étirez-la de façon à former de petits bâtonnets que vous tordrez. Enfin coupez en petits tronçons avec des ciseaux.

Pastilles au miel. — Faites fondre au bain-marie, en agitant, 50 grammes de *gélatine* dans un décilitre d'*eau*. Lorsque la gélatine est à l'état de pâte molle, continuez à remuer, et versez lentement, à plusieurs reprises, 500 grammes de *miel* que vous avez, au préalable, fait chauffer au bain-marie.

Ajoutez quelques gouttes d'*essence* quelconque, suivant le parfum que vous désirez obtenir ; puis, si vous le voulez, un peu de colorant. Versez dans un moule légèrement graissé, et, après refroidissement, découpez les bonbons.

Nougat au miel. — Employez : 4 kilogrammes de *sucre*, 4 kilogrammes d'*amandes douces*, 3 kilogrammes de *miel*, 3 kilogrammes de *tapioca* et 3 kilogrammes de *noisettes*.

Premier temps. Commencez par faire tremper le

tapioca pendant vingt-quatre heures à l'avance dans l'eau, mais ayez soin de n'en mettre que juste la quantité nécessaire.

Quand le tapioca est bien gonflé, jetez-le avec le miel dans une grande bassine en cuivre, chauffée au bain-marie ; ajoutez, si c'est nécessaire, un peu d'eau, de façon que la pâte obtenue ne soit ni trop épaisse ni trop claire. Le battage se fait à l'aide d'une grande écumoire et doit être assez prolongé.

Deuxième temps. Incorporez dans le mélange les amandes et les noisettes, après les avoir fait chauffer ; dressez le nougat entre des rondelles de pain azyme en couches.

Pâte de guimauve au miel. — Dans une livre de *miel*, jetez trois poignées de *fleurs de guimauve*, récoltées bien sèches, et n'ayant point perdu leur odeur ni leurs propriétés.

Au bout de quelques minutes, passez sur un linge, et remettez sur le feu, jusqu'à ce que le sirop a acquis suffisamment de consistance pour pouvoir tenir sur du papier recouvert de cassonade. Cette pâte est placée au four à deux reprises différentes, e conservée dans un endroit sec.

Voici une autre recette :

Faites infuser 20 grammes de *racines* et 50 grammes de *fleurs de guimauve* dans un litre d'eau, puis dissolvez dans le liquide une demi-livre de *gomme arabique*.

Laissez déposer. Décantez ensuite dans une casserole émaillée, ajoutez 300 grammes de *miel*, et chauffez au bain-marie, en remuant activement.

Lorsque le mélange commence à se réduire, ajoutez-y encore trois ou quatre *blancs d'œufs* battus en neige, et enfin, quand la pâte est suffisamment épaisse, versez-la sur une plaque de marbre saupoudrée d'un peu de *sucre en poudre*. Il ne reste plus qu'à la découper en morceaux.

Dragées au miel. — Cuisez un kilogramme de *miel* dans un demi-litre d'*eau*. Le sirop est à point lorsque, laissant tomber une goutte du liquide dans l'eau froide, elle ne s'écarte pas.

Laissez refroidir; puis, ajoutez au liquide miellé une forte livre de *farine* et trois pincées de *sel*.

Après un repos de trois jours, préparez une deuxième pâte, avec une demi-livre de *sucre*, trois *œufs* battus en neige, un peu de *farine* et du *sel* en suffisance.

Mélangez intimement les deux pâtes, battez, roulez en formes, aspergez d'un peu d'eau; le lendemain, faites cuire, et glacez avant refroidissement. A cette pâte on peut mélanger un peu de *cannelle*, quelques *clous de girofle*, des *amandes* en morceaux, de l'*orangeade*; battez, coupez en long morceaux, cuisez et glacez après refroidissement.

Chocolat au miel. — Dans un kilogramme de *miel*, que vous avez fait chauffer au bain-marie, puis écumé, ajoutez, suivant votre goût, de 250 à 500 grammes de *chocolat* râpé ou en poudre.

Faites bouillir légèrement, sans cesser de remuer. Parfumez à la *vanille* ou à la *cannelle*, retirez du feu et conservez dans des pots bien fermés.

Pastilles Lætitia des Carmes. — Pour un kilogramme de *miel*, prenez un kilogramme de *chocolat* râpé, et chauffez le tout ensemble, de façon à obtenir, après réduction, une pâte assez ferme, capable de se prendre en pastilles.

Avec une cuillère, faites tomber la pâte en pochées de la grosseur d'une pièce de un franc, sur un marbre saupoudré de *sucre en poudre*. Après refroidissement, les pastilles peuvent être mises en boîtes.

Si vous le préférez, vous pouvez amincir la pâte sur un marbre légèrement huilé ; puis vous la découpez en carrés ou en losanges. Vous pouvez aussi l'étirer en bâtons et la morceler avec des ciseaux.

En ajoutant, vers la fin de la cuisson, 120 grammes de *gelée de lichen*, mousse inoffensive qui se vend dans les pharmacies, les pastilles sont plus fermes et de plus belle apparence. Quand elles collent, c'est que la cuisson est insuffisante : il faut les rouler dans du sucre en poudre.

CHAPITRE III

LES LIQUEURS ET LES CONFITURES AU MIEL

Chrysomel ou liqueur dorée. — Hypocras ancien. — Liqueur chartreuse. — Genièvre. — Grog américain. — Anisette. — Liqueur d'orange et de citron. — Grog simple. — Confitures au miel. — Confiture à la citrouille. — Fruits confits au miel. — Marrons au miel. — Savon de toilette au miel. — Onguent pour les gerçures des pieds des chevaux.

Chrysomel ou liqueur dorée. — Mettez 4 kilogrammes de *miel*, avec 4 litres d'*eau*, dans une casserole. Faites cuire jusqu'à réduction d'un tiers, en écumant souvent. Ajoutez, après refroidissement, 3 litres de bonne *eau-de-vie*, dans lesquels vous avez fait macérer, pendant huit jours, trois bâtons de *vanille* découpés en petits morceaux.

Versez dans une bonbonne fermant hermétiquement, filtrez huit jours après, et mettez en bouteilles. Vous obtiendrez ainsi 7 litres d'une liqueur délicieuse.

Hypocras ancien. — On le prépare comme suit :

Dans 1 litre de bon *vin*, blanc ou rouge, faites infuser, pendant quarante-huit heures, le zeste d'un *citron*, 60 grammes d'*alcool* rectifié, 125 grammes de *miel* et 10 grammes de *graine* d'*angélique*. Filtrez.

La boisson peut être servie tiède ou froide.

Liqueur chartreuse. — Prenez 1 litre d'*alcool* à 70°, un demi-flacon d'*élixir de chartreuse*, un flacon d'eau de *mélisse des Carmes de Boyer*, 600 grammes de *miel*, 600 grammes de *sucre*, 1 litre d'*eau* et pour deux sous de *safran*.

Faites un sirop avec le sucre, le miel et l'eau ; ajoutez l'alcool, l'élixir et la mélisse ; colorez avec le safran ; filtrez ensuite.

Genièvre. — Pour fabriquer du bon genièvre au miel, faites macérer pendant quinze jours, dans de la bonne *eau-de-vie*, 30 grammes de *baies de genièvre* et 5 grammes d'écorce de *cannelle* dans 1 litre. Ajoutez en même temps le *miel*, à raison de 250 grammes par litre, que vous faites fondre dans 100 grammes d'eau.

Après filtration, la liqueur est bonne à consommer.

Grog américain. — Faites fondre au bain-marie 100 grammes de *miel* que vous jetez, après refroidissement, dans 1 litre de *rhum*, avec une *orange* coupée en quatre, et un bâton de *vanille*.

Délayez le miel dans l'*eau-de-vie*, et laissez macérer pendant dix jours. Filtrez et mettez en bouteilles.

Anisette. — Mettez, dans 1 litre d'*esprit-de-vin* à 90°, les essences suivantes : *anis*, 1 gramme ; *badiane*, 50 centigrammes ; *cannelle*, 3 grammes ; *nérolis*, 2 grammes.

Faites fondre, dans 1 litre d'eau, 1^{kg},200 de *miel* et ajoutez à l'*alcool* en mélangeant intimement. Au bout de huit jours, filtrez et mettez en bouteilles.

Liqueur d'orange et de citron. — Enlevez la moitié d'une écorce d'*orange* ou de *citron*, découpez le reste, avec la pulpe, sans les pépins, dans 1 litre d'*eau-de-vie*, en même temps que vous ajoutez 250 grammes de *miel* liquéfié dans 100 grammes d'*eau*.

Il n'y a plus qu'à filtrer.

Grog simple. — Versez dans un bol deux cuillerées à bouche de *miel*, exprimez dedans le jus d'un *citron*, remplissez aux deux tiers le bol d'eau bouillante et buvez aussi chaud que possible.

Mettez-vous au lit, une transpiration abondante doit vous débarrasser de votre rhume.

Confitures au miel. — S'il s'agit de baies, framboises, mûres, groseilles, fraises, etc., retirez les queues et les calices; pour les fruits à noyau, cerises, prunes, abricots, enlevez les noyaux; enfin, s'il s'agit de fruits à pépins, pelez-les et retirez les pépins.

Cela fait, mettez cuire à petit feu, en tournant fréquemment, pour empêcher l'adhérence au fond de la casserole, ajoutez le miel comme s'il s'agissait de sucre, mais en l'employant dans la proportion d'une livre de miel pour deux livres de fruits.

La cuisson n'est complète qu'au bout de quatre heures. Elle est à point lorsqu'elle s'épaissit en refroidissant.

Confiture à la citrouille. — 1º Épluchez votre *citrouille*, coupez-la par petits morceaux, et salez légèrement. Faites cuire à l'eau, et passez au tamis.

2º Prenez des *abricots secs* du commerce, lavez-les soigneusement dans l'eau bouillante, et faites-les cuire avec du *miel* en remuant souvent.

3º Versez la citrouille dès que les abricots et le miel sont en sirop épais ; puis mélangez sur le feu en continuant d'agiter.

Les proportions à employer sont : 2 kilogrammes de citrouille, 2 kilogrammes de miel et 500 grammes d'abricots.

Fruits confits au miel. — Choisissez les plus beaux fruits, en éliminant ceux qui présenteraient la moindre tare.

Qu'il s'agisse de prunes, de cerises, de raisins, d'abricots ou d'autres fruits, mettez-les dans des bocaux en verre, à fermeture hermétique, de taille moyenne.

Pour 1ᵏᵍ,700 de fruits à confire, préparez un sirop (*oxymel*) avec 1 kilogramme de *miel*, 300 grammes de bon *vinaigre*, six clous de *girofle*, que vous faites cuire pendant une demi-heure, en remuant toujours et en écumant soigneusement.

Versez ce sirop chaud sur les fruits, et fermez aussitôt. Pour compléter l'opération, on pourrait encore soumettre les bocaux à l'ébullition, dans une chaudière, comme les petits pois.

Ce système de conservation est économique ; de plus il assure la garde des fruits d'une année à l'autre, et davantage.

Marrons au miel. — Faites griller les *marrons* ; épluchez-les avec soin. Jetez-les ensuite dans une casserole de *miel* que vous avez fait réduire d'un bon quart sur le feu.

Remuez de temps à autre. Au bout de dix minutes environ, les marrons sont suffisamment imprégnés de miel. Retirez-les, laissez-les égoutter et servez.

Recettes diverses à base de miel.

Savon de toilette au miel. — Ce savon conserve à la peau toute sa souplesse et son velouté ; il empêche même, assure-t-on, la chute des cheveux et de la barbe, lorsque l'affection n'est pas d'origine parasitaire.

Découpez 500 grammes de *savon de Marseille* et faites dissoudre dans suffisamment d'eau pour qu'il ne brûle pas sur le feu. Agitez pendant le chauffage, et ajoutez 250 grammes de *miel*, en conservant encore le récipient sur le feu pendant quelques instants.

Retirez du feu, aromatisez avec quelques gouttes d'*essence de cannelle* ou autre, et versez dans un plat peu profond. Dès que le savon est refroidi, vous pouvez le couper en morceaux pour l'employer. Ce savon se conserve bien.

Onguent pour les gerçures des pieds des chevaux. — Faites fondre, sur feu doux, deux parties de *miel* avec une de *cire*, ce qui donne un onguent assez malléable.

Après avoir lavé la partie malade du sabot de l'animal avec de l'eau bouillie refroidie, faites une application de l'onguent, que vous répétez jusqu'à guérison.

CHAPITRE IV

LES EMPLOIS DE LA CIRE

Mastic à greffer à chaud. — Mastic à greffer à froid. — Onguent
de pied. — Les cirages pour harnais. — Crayons pour écrire
sur le verre. — Encaustique ordinaire. — Encaustique à l'eau
pour parquets. — Encaustique pour carrelage. — Cire à
cacheter les bouteilles. — Pour combattre l'humidité des murs.
— Transformation du plâtre en ivoire. — Imperméabilité du cuir
des chaussures. — Graisse simple pour chaussures. — Luts et
mastics obturants. — Restauration des meubles.

La cire d'abeilles trouve, dans les usages domestiques, une foule d'applications qui sont d'un réel intérêt, et que le cultivateur doit tout au moins connaître (1).

Mastic à greffer à chaud. — Pour préparer un bon *mastic à chaud*, on fait fondre ensemble de la *poix blanche*, de la *poix noire*, de la *cire jaune*, du *suif* et de la *résine*. On attend que le mélange soit un peu attiédi pour l'employer.

Les proportions les plus convenables sont les suivantes : poix blanche, 2^{kg},500 ; poix noire, 2 kilo-

(1) Pour plus de détails, voir l'ouvrage *Les Cires*, par C. Arnould.

grammes ; résine, cire et suif, 500 grammes de chaque sorte.

On fait varier le degré de souplesse du produit en se rappelant que la poix rend la composition plus épaisse, le suif plus léger, la résine plus sèche et la cire plus onctueuse.

Mastic à greffer à froid. — Pour obvier aux inconvénients des mastics à chaud, les industriels se sont ingéniés à trouver un mastic susceptible de pouvoir s'employer à froid. L'un des meilleurs est celui de *Lhomme-Lefort*; il n'a que le défaut de coûter cher.

Vous pouvez le remplacer en mélangeant ensemble de la *poix noire*, de la *poix blanche*, du *goudron liquide* et du *blanc d'Espagne* pulvérisé, 1 kilogramme de chaque sorte, avec 500 grammes de *cire*, 800 grammes *d'alcool dénaturé* et 500 grammes *d'essence de térébenthine*.

Faites dissoudre avec précaution la poix, la cire et le goudron; retirez du feu, et ajoutez l'alcool et l'essence sans cesser d'agiter; puis, poignées par poignées, jetez dans le mélange le blanc d'Espagne.

De même : la *cire*, 750 grammes ; la *résine*, 1250 grammes ; la *térébenthine de Venise*, 360 grammes ; le *suif*, 60 grammes, et l'*alcool*, 100 grammes, donnent également un bon mastic, lorsque ces produits sont intimement mélangés.

Onguent de pied. — Pour entretenir la corne

des sabots des chevaux en bon état, et empêcher les crevasses, il faut la tenir en bon état de souplesse, en l'empêchant de se dessécher, par des applications d'onguents dont voici quelques formules.

1° *Onguent économique.* — Mélanger à chaud : 2 kilogrammes de *graisse de cheval* avec 1 kilogramme de *galipot* et 500 grammes de *cire*. Noircir, si l'on veut, avec du noir de fumée.

2° *Onguent Lassaigne et Delafond.* — Faire fondre ensemble, par parties égales : *cire d'abeilles*, *huile d'olives*, *graisse de porc*, *miel* et *térébenthine*. Commencer par la cire, la graisse et l'huile; retirer du feu et ajouter, en remuant jusqu'à complet refroidissement, la térébenthine et le miel.

3° *Onguent Bouchardat et Desoubry.* — Employer, à poids égal, de l'*huile blanche*, de l'*essence de térébenthine*, de la *cire* et de l'*axonge*. Couper la cire en morceaux, et faire fondre dans l'huile, avec l'axonge. Après fusion complète, retirer du feu et ajouter la térébenthine, en agitant jusqu'à refroidissement.

Cirages. — *Cirages pour harnais noirs.* — 1° Faites fondre au bain-marie, 100 grammes de *cire jaune*; lorsqu'elle est liquéfiée, sans la retirer du bain, ajoutez-lui 30 grammes de *vernis noir à sculptures* (meubles), puis 30 grammes d'*essence de térébenthine*. Ce cirage se conserve très bien en boîte, et s'emploie comme les encaustiques; il est perméable.

2° Faites fondre, en une seule fois, 1 kilogramme de *cire* au bain-marie avec 125 grammes de *litharge*. Ajoutez 180 grammes de *noir* d'*ivoire*, lorsque le mélange est à moitié refroidi. Faites bouillir à nouveau. Retirez du feu, ajoutez 600 ou 700 grammes d'*essence de térébenthine*, et mettez en boîtes ou en flacons.

Cirage pour harnais jaune. — Il se prépare toujours sans vernis. Faites fondre au bain-marie 100 grammes de belle *cire jaune*, bien épurée ; ajoutez 70 grammes d'*essence de térébenthine*, agitez un certain temps et mettez en boîtes avant solidification.

Lorsque ce cirage doit être employé l'hiver, pour le rendre moins mou, on peut ajouter aux quantités indiquées 20 grammes de *vaseline*. Dans tous les cas, avant l'application, il est bon de décrasser les harnais avec une éponge trempée dans l'eau tiède ou l'eau de savon, et on les fait sécher à l'ombre ou dans un courant d'air. Le cirage étant appliqué à la brosse, frottez énergiquement pour donner le brillant.

Crayons pour écrire sur le verre. — Cette recette peut rendre service aux maraîchers, jardiniers et agriculteurs qui ont souvent besoin d'écrire sur le verre, soit des notices, soit le tracé des coupes. On peut obtenir des crayons de différentes couleurs, très faciles à employer, lorsqu'on leur fait prendre la forme de petits bâtonnets, en les roulant entre les mains, sans attendre que la préparation soit entièrement refroidie.

CRAYONS NOIRS. — Faites fondre ensemble : 40 parties de *cire*, 10 de *suif* et 10 de *suie*.

CRAYONS ROUGES : 60 parties de *cire*, 20 de *suif*, 25 de *cinabre*.

CRAYONS JAUNES : 20 parties de *cire*, 10 de *suif*, 10 de *jaune* de *chrome*.

CRAYONS BLEUS : 20 parties de *cire*, 10 de *suif*, 10 de *bleu de Prusse*.

Encaustique ordinaire. — On la prépare avec de la *cire* que l'on fait dissoudre au bain-marie, avec de l'*essence de térébenthine*. Les proportions les plus habituelles sont 3 litres d'essence pour 1 kilogramme de cire.

Cette encaustique s'emploie pour vernir le bois, notamment les meubles en chêne et en noyer, auxquels on veut communiquer un beau brillant. On l'étend avec un morceau de flanelle ou une brosse douce ; puis, lorsque la peinture est bien ressuyée, on donne le lustre en frottant énergiquement avec une étoffe de laine.

Pour faire prendre au bois l'apparence de l'acajou, passez-le au *brou de noix*, à plusieurs reprises, étalez une couche d'encaustique à l'essence de térébenthine, et frottez avec une brosse dure.

Encaustique à l'eau pour parquets. — Cassez dans un chaudron 2 kilogrammes de *cire jaune*, exempte de tout mélange ; ajoutez un kilogramme de *savon noir mou*, 200 grammes de *tartre* et 2 litres d'*eau de rivière*.

Faites fondre à feu doux, ou au bain-marie, en remuant constamment avec un bâton. L'encaustique est bonne, lorsque, en faisant tomber quelques gouttes dans l'eau, cette eau devient laiteuse et opale. Retirez du feu. S'il se forme des grumeaux, il faut continuer à chauffer.

L'encaustique retirée du feu, ajoutez 25 litres d'*eau*, et vous aurez une excellente encaustique de conservation, que vous pouvez teinter en jaune en jetant dedans une dissolution de 200 grammes de *curcuma* ou de *rocou*.

Encaustique pour carrelage. — Pour avoir une bonne encaustique résistante, communiquant un beau brillant aux carrelages, faites dissoudre à petit feu 750 grammes de *cire* et 250 grammes de *savon*, ce qui fait un kilogramme.

Retirez du feu, et ajoutez 100 grammes de *carbonate de potasse* ou de *sel de tartre*, en ayant soin d'agiter énergiquement pour que le mélange soit aussi intime que possible.

Un litre de cette encaustique peut couvrir 30 à 35 mètres carrés de carrelage. L'application étant faite au pinceau, le lustre s'obtient au moyen d'un chiffon de laine.

Cire à cacheter les bouteilles. — Une des meilleures compositions pour fermer hermétiquement les bouteilles se prépare de la façon suivante :

Faites fondre ensemble, dans un vase en terre, et

sur feu doux, 2 parties de *suif*, 4 de *cire d'abeilles* et 10 de *résine*, en commençant par le suif et en ajoutant successivement la cire et enfin la résine.

Pour colorer, ajoutez ensuite : du *noir de fumée* pour le noir ; du *minium* pour le rouge ; du *bleu de Prusse* pour le bleu ; du *bleu de Prusse* et de l'*ocre jaune* pour le vert.

Le mélange étant fondu, plongez-y le goulot des bouteilles et tournez horizontalement pour étaler régulièrement la cire. Ce cachetage est souple, résistant et à peu près indestructible.

Pour combattre l'humidité des murs. — Cette recette, due à MM. *Mouchard* et *Raspail, d'Elbeuf*, permet d'assainir les appartements situés au rez-de-chaussée, et à mauvaise exposition.

Elle consiste à enduire les murs avec une encaustique contenant 200 grammes de *cire* pour 4 kilogrammes d'*essence de térébenthine* et que l'on applique au pinceau, par petites fractions de mur.

En provoquant la dessiccation du mur, avant l'application du badigeon, soit par un chauffage au gaz ou au réchaud de charbon, la solution pénètre de plus d'un centimètre dans les enduits, et les murs peuvent être tapissés ensuite sans inconvénients.

Transformation du plâtre en ivoire. — On peut faire acquérir aux statuettes et autres objets en plâtre la patine et l'aspect de l'ivoire en les enduisant d'une solution claire de *cire* et d'*essence de térébenthine*.

Pour imiter l'ivoire blanc, découpez de la *cire blanche*, dans de l'essence chauffée au bain-marie, et appliquez-la telle quelle au pinceau. Si vous voulez obtenir un ton jaune, ajoutez de la cire jaune au mélange. Dans tous les cas, faites trois applications d'encaustique, en attendant chaque fois que la première couche se soit évaporée, avant de passer à la suivante.

Le faux ivoire est ensuite frotté énergiquement avec un tampon de ouate, chargé de *poudre de talc*, mais seulement quand la troisième couche est sèche. On polit ensuite à la flanelle.

Imperméabilisation du cuir des chaussures. — Prenez 400 à 500 grammes de *caoutchouc naturel* coupé en petites tranches, que vous faites dissoudre à feu doux dans un kilogramme d'*huile de poisson*. Plus simplement, vous pouvez acheter la dissolution toute préparée à l'essence de térébenthine, et vous lui ajoutez, pour 800 grammes, 1 kilogramme d'*huile de poisson* et 400 grammes de cire.

Faites fondre à part la cire, retirez du feu et ajoutez le caoutchouc et l'huile le plus intimement possible.

Pour employer, faites d'abord sécher les chaussures, liquéfiez la quantité de graisse nécessaire, et imbibez avec un chiffon. En opérant en plein soleil, le cuir absorbe bien mieux la dissolution. Cette recette est due à M. *Schwertzer* de *Nancy*.

Graisse pour chaussures. — Pour avoir les pieds

18.

au sec, le cultivateur enduira de temps à autre le cuir et la semelle de ses chaussures avec la préparation suivante :

Dans un litre d'*huile de lin* il fera fondre ensemble 120 grammes de *suif*, 100 grammes de *cire* et 60 grammes de *résine*, et il continuera d'agiter jusqu'à refroidissement. Une application tous les quinze jours empêche l'eau de traverser le cuir ; de plus, les chaussures qui en sont imprégnées restent souples.

Luts ou mastics obturants. — Les bouchons de liège retiennent mal les liquides, et encore plus mal les gaz. Les bouchons de caoutchouc, qui coûtent cher, peuvent être remplacés par un lut ou enduit formé de *suif* et de *cire* fondus que l'on applique au fer chaud.

Pour les fûts, la préparation suivante donne un excellent mastic.

Avec 100 grammes de *saindoux*, faites fondre 50 grammes de *cire* et 60 grammes de *suif* frais. Retirez du feu et ajoutez 60 grammes de *cendres de bois* tamisées.

Ce mastic se conserve bien en boîtes, dans un endroit sec.

Avant de vous en servir, grattez l'endroit de la fuite, nettoyez au chiffon, et appliquez le mastic après l'avoir ramolli à la flamme d'une bougie.

Restauration des meubles. — Lorsqu'une machine à coudre ou un meuble quelconque portent des éraflures qui les déprécient, il existe différents procédés de les rafraîchir.

1° En premier lieu, dissolvez de la *cire* en quantité suffisante dans quatre fois son volume de *pétrole*, en chauffant au bain-marie jusqu'à dissolution complète. Ajoutez au mélange un peu de *terre d'ombre* ou d'*ocre* pour obtenir la teinte cherchée, puis frottez le meuble avec cette préparation. Une demi-heure après, lorsque le pétrole est sec, frottez avec la flanelle pour obtenir un beau brillant.

2° Fondez ensemble, avec précaution, 75 grammes de *cire* et 325 grammes de *siccatif liquide*. Après avoir retiré du feu, ajoutez 600 grammes d'*essence de térébenthine* colorée avec des *poudres fines*.

3° Pour les meubles piqués par les vers, il vaut mieux les laver à *l'essence de térébenthine* ; on exécute une friction énergique à l'aide d'un pain de *cire*, que l'on complète par une solide friction au chiffon de drap.

CHAPITRE V

LES FRAUDES DE LA CIRE D'ABEILLES

Pourquoi cherche-t-on à falsifier la cire des abeilles? — Les produits que l'on emploie le plus communément. — L'analyse qualitative à la portée de l'apiculteur. — Différents procédés.

Pourquoi fraude-t-on la cire d'abeilles ? — De ce que la cire est un produit à usages multiples, recherché par une foule d'industries, il s'ensuit que l'on voit se multiplier tous les jours le nombre et la nature de ses sophistications.

Les falsifications, d'abord grossières, sont devenues plus raffinées, à mesure que se perfectionnaient les procédés de contrôle. Aujourd'hui, l'apiculteur qui achète des feuilles de cire gaufrée du commerce introduit fréquemment dans ses ruches des produits de toutes provenances, d'origine *animale*, *végétale* et *minérale*, autres que la cire d'abeilles

Nous avons déjà signalé les inconvénients qu'il y avait à introduire dans les ruches des substances étrangères, notamment des *paraffines*, par suite des dangers d'effondrement qui pouvaient se produire sous l'influence d'une petite élévation de température, parce qu'elles ont toujours une répercussion malheureuse sur la bonne marche des ruchées.

Les procédés d'analyse des cires sont nombreux, ce qui prouve bien qu'ils n'ont qu'une précision relative, surtout avec certains adultérants. D'ailleurs, les procédés de laboratoire sont trop compliqués pour pouvoir être généralisés, et l'apiculteur est obligé de se contenter des essais qualitatifs que nous allons décrire.

Produits employés pour falsifier la cire d'abeilles. — Tout d'abord, disons que les falsifications de la cire se font surtout avec la *paraffine* et la *cérésine*, produits d'origine minérale, provenant de la distillation des pétroles et des bitumes, mais aussi avec les cires de *Carnauba*, de *Chine*, du *Japon*, du *Ceroplastes Rusci* et *Ceriferus*, de *Myrica*, de *Ceroxyle*, de *Canne à sucre*; on emploie aussi parfois l'*Acide stéarique*, les *Suifs*, l'*Axonge* ou *Saindoux*, le *Spermaceti* ou *Blanc de baleine*, les *Résines*, le *Galipot*, la *Poix*, la *Colophane*, l'*Amidon*, la *Fécule*, le *Soufre*, ainsi que des substances terreuses, telles que *Ocres fines*, *Plâtre*, etc.

Contrôle rapide des cires. — 1º Par la mastication, le goût et l'adhérence, on peut reconnaître la présence du *suif* et des *résines*. La cire pure ne colle pas aux dents, et elle ne possède aucun goût particulier.

2º Par la combustion sur une pelle rougie, on ne doit percevoir que l'odeur aromatique, bien connue. Les grésillements, l'odeur rance et âcre décèlent les *graisses* et les *résines*; le *soufre* se perçoit facilement par les dégagements d'acide sulfureux.

3º Le chauffage d'un fragment de cire avec de la *potasse caustique*, délayée dans l'*alcool*, saponifie la cire pure entièrement, et la solution reste limpide après refroidissement. S'il surnage des gouttelettes huileuses, c'est qu'elle est additionnée de *paraffine* ou de *cérésine*.

4º Un échantillon, coupé en minces lanières, et chauffé dans l'*eau de chaux*, ne doit pas la troubler si la cire est pure. La *stéarine*, même en petite quantité, la trouble, et il se dépose du *stéarate de chaux*.

5º La cire d'abeilles, naturelle, flotte dans l'*ammoniaque* ou *alcali volatil* à 22 degrés; mélangée de *résines* ou d'autres corps plus denses, elle va au fond.

6º Mettez un morceau de cire à éprouver dans un tube à demi plein d'*essence de térébenthine* et chauffez avec précaution. Si la solution devient trouble et qu'un dépôt tombe au fond, le produit est certainement adultéré, puisque l'essence dissout complètement la cire d'abeilles.

7º Faites une solution concentrée de *soude* et d'*eau*. Prenez un petit morceau de cire que vous pétrissez entre les doigts et que vous plongez de temps à autre dans la solution. La cire se saponifie et s'en va. Si la boulette ne disparait pas entièrement, ce qui reste est très probablement de la *cérésine* ou de la *paraffine*.

8° Pour déceler la présence de la *colophane* et de la *poix de Bourgogne*, il suffit de diviser une petite partie de la cire que l'on suppose en contenir, et de la laisser macérer pendant un certain temps dans de l'*alcool pur* et froid qui les dissout et les abandonne lorsqu'on le fait évaporer.

9° Prenez un morceau de cire pure, avec un autre de la cire à éprouver, et plongez-les en même temps dans de l'eau chauffée entre 50 et 60 degrés. Au bout de cinq minutes, retirez les deux échantillons : celui de la cire pure est malléable, tandis que celui qui aurait été additionné de *suif* ou de *paraffine* serait devenu tellement mou qu'on pourrait à peine le saisir. La différence est très sensible.

En général, lorsque la fraude a été faite dans des proportions élevées, 25 p. 100 et au-dessus, il est assez facile de la constater; mais s'il s'agit d'additions à 15, 10 p. 100 et au-dessous, la vérification est plus difficile.

SEPTIÈME PARTIE

LES ENNEMIS ET LES MALADIES DES ABEILLES

CHAPITRE PREMIER

LES ENNEMIS DES ABEILLES

Les Galléries. — Destruction des fausses teignes. — Le sphinx tête de mort. — Les méloés. — La philanthe apivore. — Le braula cæca ou pou des abeilles. — Les guêpes. — Les araignées. — Les fourmis. — Les rongeurs.

Les Galléries (fig. 127). — Il en existe deux espèces : la grande et la petite ; la première est de beaucoup la plus dangereuse. Ce sont des *papillons* très laids, d'un gris sale poussiéreux, que l'on voit sortir silencieusement, surtout le soir, au voisinage des ruchers. Les apiculteurs les désignent sous le nom de *teigne* ou *fausse teigne* (1).

(1) Voy. Guénaux, *Entomologie et parasitologie agricoles* (Encyclopédie agricole).

Le Rucher. 19

Ce lépidoptère est certainement l'insecte le plus répugnant que l'on connaisse, et l'ennemi le plus acharné des abeilles. Pendant certaines années, il y a des régions où il occasionne de grands dégâts dans les ruches.

Les femelles du papillon sont très prolifiques ; elles s'introduisent nuitamment dans les ruchés pour y pondre, ou bien elles déposent leurs œufs, très agglutinants, dans les corolles des fleurs, et les butineuses les rapportent à la ruche sans s'en apercevoir.

Les métamorphoses de la gallérie sont rapides : sous la bienfaisante chaleur de la ruche, l'œuf éclôt presque aussitôt, et il donne naissance à une *petite chenille* très agile, qui s'enfonce dans les cires des bâtisses pour les dévorer, et à l'intérieur desquelles elle creuse des galeries en tous sens, sans respecter l'ordre des constructions.

Bientôt la chenille grossit ; lorsqu'elle atteint 2 à 3 centimètres de longueur, elle se tisse un cocon, et se transforme en chrysalide qui donnera naissance à un nouveau papillon. Le même individu peut fournir, dans la même année, plusieurs générations d'insectes.

Les dégâts causés par ces voraces chenilles sont notables ; elles peuvent même provoquer l'effondrement des rayons et la perte des colonies.

Les invasions de fausses teignes sont imputables, en grande partie, à l'*incurie de certains apiculteurs*

qui, au lieu de tirer parti de leurs cires, en les trans-
formant en beaux pains marchands, les laissent traîner
dans tous les coins du rucher et du grenier, à la
merci des papillons, et leur procurent ainsi sciemment
bon souper et bon gîte.

Destruction des fausses teignes. — Pour lutter avec
succès contre la fausse teigne, il faut ne posséder que

Fig. 127. — Rayon attaqué par la fausse teigne.

de fortes colonies qui se chargeront d'expulser *manu
militari* les chenilles mal intentionnées ; de plus, il
faut avoir soin de fondre tous les gâteaux hors
d'usage, et de ne pas laisser au rucher des paniers
bâtis et vides d'abeilles.

Si l'on a la précaution de soufrer tous les rayons
sans emploi, après les avoir placés dans une caisse
ou une armoire fermant hermétiquement, il n'y a rien

à craindre des déprédations de la fausse teigne. Mais, pour obtenir un résultat durable, il faudrait une entente entre tous les apiculteurs de la même région, et la généralisation du procédé de défense.

Sphinx tête de mort. — Le *sphinx tête de mort* (*acherontia atropos*) est un gros papillon qui mesure 10 centimètres de longueur. C'est un voleur de la plus belle eau, qui s'introduit effrontément dans les ruches dont il peut forcer le passage, et qui se fait fort d'emporter, rien qu'en une seule fois, jusqu'à 50 et 60 grammes de miel.

Fig. 128. — Sphinx tête de mort cherchant à s'introduire dans une ruche.

Dans ces conditions, il est certain que si ce gros gourmand répète souvent le nombre de ses visites, le garde-manger des abeilles est fortement mis à contribution.

Aussi, dans les régions où ce papillon est abondant, notamment dans les localités où l'on cultive la pomme de terre, l'apiculteur doit s'efforcer de protéger ses ruches de cet effronté pillard, ce qui est d'ailleurs facile, en réduisant la hauteur du trou de vol à huit millimètres, et en bouchant toutes les fissures qui peuvent exister.

Les méloés.— Le *méloé* est un insecte bien gênant. surtout pendant les années humides et chaudes, et dans les régions riches en sainfoin.

Sa première larve B, appelée *triongulin* (fig. 129), mesure environ 2 millimètres de longueur; elle est pourvue de mandibules puissantes, avec lesquelles elle s'accroche aux abeilles lorsqu'elles butinent.

On a prétendu que le *triongulin* se faisait transporter dans les ruches pour y dévorer le miel; mais nous pensons plutôt que cet insecte vit en parasite et qu'il est capable de faire mou-

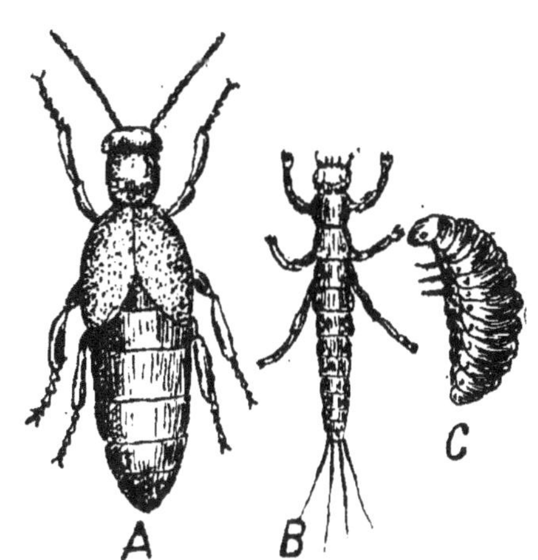

Fig. 129. — Méloé grossi.

A, insecte parfait; B. larve, premier état (*triongulin*); C, larve deuxième état.

rir les abeilles dans d'atroces souffrances, lorsqu'il a pu se loger dans les articulations et les anneaux ventraux de l'abdomen.

Ce qui semble nous donner raison, c'est que le triongulin ne se trouve pas dans les ruches, mais seulement sur les abeilles. Certains cadavres d'abeilles portent parfois jusqu'à dix larves de méloé.

Lorsque l'invasion prend un caractère d'acuité prononcé, l'apiculteur fera bien de recueillir tous les cadavres d'abeilles mortes à l'entrée des ruches, pour les brûler, afin de détruire les triongulins.

Autres ennemis. — Ils sont moins dangereux que les premiers ; néanmoins, dans certains cas, ils peuvent incommoder suffisamment les abeilles pour que l'apiculteur intervienne dans la mesure de ses moyens.

En premier lieu citons : la *Philanthe apivore*, hyménoptère fouisseur ressemblant assez à une guêpe de forte taille (fig. 130).

Fig. 130. — Philanthe apivore emportant une abeille.

La femelle élève sa larve dans un trou qu'elle creuse dans le sol, puis elle l'alimente avec les abeilles qu'elle a pu surprendre sur les fleurs, et où elle les transporte en les saisissant au moyen de ses fortes mandibules.

Le *Braula cæca*, ou *pou des abeilles* (fig. 131), est un diptère parasite, un peu plus petit que le pou des volailles, mais plus

Fig. 131. — Braula Cæca, ou pou des abeilles.

rond et d'un rouge foncé qui s'accentue toujours avec l'âge. Cet insecte s'accroche après les poils du corselet des ouvrières, hors de la portée des pattes. On en voit rarement plus de deux sur la même butineuse; mais les mères peuvent en être parfois littéralement recouvertes, ce qui n'est pas sans leur occasionner, on le comprend, de sensibles préjudices.

Cette vermine est souvent l'apanage des colonies peu peuplées et nécessiteuses, et on la rencontre surtout dans les ruchers mal soignés. Dans les ruches populeuses on n'en trouve guère.

Les *guêpes* sont d'effrontées pillardes qui, en certaines années, sont si nombreuses que les abeilles ont une peine infinie à pouvoir s'en défendre. Constamment à l'affût, elles cherchent par tous les moyens possibles à s'introduire dans les ruches pour y voler du miel; elles entament même, dans certains cas, des luttes épiques avec les abeilles, et la force ne reste à ces dernières qu'en raison du nombre et de leur esprit d'association.

En conséquence, tous les intéressés, cultivateurs, apiculteurs et arboriculteurs, pour éviter les dégâts ultérieurs, doivent faire une chasse impitoyable aux guêpes femelles, au printemps, avant la ponte, pour en détruire le plus qu'ils peuvent.

Les *araignées* sont très friandes des abeilles. Pour s'en emparer, elles tissent leurs toiles sur le devant des ruches. Il convient de brosser avec soin les pièges tendus, et d'écraser les arachnides de toute taille que l'on voit au voisinage du rucher, il en reste assez dans les champs pour causer d'importants dégâts.

Les *fourmis,* surtout les petites *noires* et les petites *rouges,* viennent élire domicile sur les ruches, pour y trouver à la fois la chaleur et des provisions. On leur reproche aussi d'introduire dans les colonies des matériaux | encombrants et malpropres, détritus végétaux, terre, etc., et de venir jeter le trouble dans les ruches, chaque fois que l'on procède à une visite. Elles se vengent du dérangement qu'on leur cause en mordant les abeilles avec furie.

Pour détruire les fourmis, on les englue sur du *papier miellé* et on les éloigne en enduisant les supports des ruches avec une bonne couche d'*huile lourde de pétrole* que l'on remplace de temps à autre.

Quant aux rongeurs, *souris* et *musaraignes,* ils s'introduisent fréquemment dans les ruches en mauvais état, surtout dans les paniers, pour dévorer les cires. L'immigration se fait à l'arrière-saison, aux approches des froids, alors que les rongeurs cherchent à établir leurs quartiers d'hivernage.

Les ruches qui reçoivent de tels pensionnaires sont en bien piteux état au printemps. On arrive à les détruire au moyen des *pièges* et des boulettes de *strychnine.*

Enfin les *hirondelles,* les *mésanges* et surtout les *piverts* sont des gobeurs d'abeilles. L'apiculteur fera bien de gratifier ces derniers de quelques coups de fusil au bon endroit, lorsqu'il les verra rôder au voisinage de son rucher.

Quant aux autres animaux dont on fait un épouvantail, il n'y a pas lieu d'y ajouter foi, car ce sont des racontars que rien ne justifie : telles sont les histoires de *lézards, crapauds, clairon des abeilles, poules, hérissons*, etc. ; il en a déjà bien assez sans cela.

CHAPITRE II

MALADIES DES ABEILLES

Il faut surveiller les colonies. — La dysenterie ou diarrhée. — Causes de l'affection. — Traitement de la dysenterie. — La loque ou pourriture du couvain. — Apparition et diagnostic. — Traitement de la loque.

Si, pour des raisons de force majeure, des maladies à caractère épidémique viennent à se déclarer dans son rucher, l'apiculteur doit être à même de mettre en application les remèdes appropriés, en faisant usage des désinfectants, sans craindre de recourir aux mesures les plus radicales, dans le cas de la *loque infectieuse*. Toutefois, il ne faut pas perdre de vue qu'en apiculture, comme ailleurs, *il est toujours plus facile de prévenir que de guérir.*

La dysenterie. — La maladie désignée sous le nom de *dysenterie*, ou *diarrhée*, est une affection commune, bien connue, caractérisée par la présence d'excréments liquides et d'odeur fétide qui souillent le plateau, les abords de la ruche, sans respecter le beau linge blanc étendu sur le séchoir, ni les vêtements des visiteurs.

Généralement, l'apiculteur ne fait rien contre la *dysenterie* ; il la considère comme un dérangement passager de peu d'importance, et il oublie volontiers que cette affection est d'un caractère contagieux nettement établi, puisqu'elle se propage à tous les membres de la même colonie, voire même aux colonies voisines, par l'intermédiaire des pillardes. Elle occasionne un surcroît de mortalité, surtout au printemps, et, en même temps qu'elle dépeuple les ruches, elle rend les abeilles indolentes et peu actives.

Causes. — Tous les auteurs s'accordent pour reconnaitre que la dysenterie est occasionnée par la *réclusion* prolongée des abeilles dans une atmosphère humide, se renouvelant difficilement, comme cela arrive pendant l'hivernage, et au printemps, à l'époque des pluies, surtout lorsque les ruches sont mal construites et insuffisamment aérées, et avec d'autant plus d'acuité que la consommation des abeilles est élevée, par suite d'un abaissement quelconque de température. Les colonies faibles sont toujours plus éprouvées que les autres.

Traitement. — Lorsque vous vous apercevez qu'une de vos ruches est atteinte, commencez d'abord par lui donner le plus d'air possible, en la soulevant sur des cales de cinq millimètres d'épaisseur, ni plus ni moins ; puis écartez les deux planchettes extrêmes, ou relevez le bout de la toile cirée qui recouvre les cadres, afin qu'il se produise un petit courant d'air oblique, capable d'assécher et d'assainir la ruche. Au besoin, retirez les deux cadres extrêmes et tous les gâteaux qui pourraient être moisis.

Voyez maintenant si le plateau est souillé ; si oui, n'hésitez pas à le remplacer par un plateau propre, saupoudré d'un peu de sel, et glissez sous chaque ruche atteinte deux ou trois boules de naphtaline.

Une autre affection analogue à la dysenterie, c'est la *constipation*. C'est elle qui produit ce que les apiculteurs appellent *mal de mai*, et qui est caractérisé par une mortalité excessive des abeilles, par suite du ballonnement des intestins et d'une digestion défectueuse.

Les prescriptions ordonnées pour la diarrhée sont également applicables à la constipation. A l'heure actuelle, on n'en connaît pas d'autre qui soit réellement efficace.

La loque. — La loque est la bête noire de l'apiculteur ; elle est aussi fatale aux abeilles que peuvent l'être la peste et le choléra pour l'homme. On l'appelle aussi *pourriture du couvain*, à cause de la mortalité en cellule, et de l'odeur infecte qui se dégage des ruches contaminées.

Dans certaines régions, où la loque est apparue avec un degré de virulence prononcée, toutes les abeilles ont été détruites, et les apiculteurs, désespérés, ont jugé inutile de combattre le fléau.

Aussi bien, sans vouloir contester le caractère éminemment contagieux du fléau, il est permis de ne pas être aussi pessimiste que la plupart de nos confrères en apiculture. Nous affirmerons même que la loque est guérissable, à la condition d'opérer avec célérité et prévoyance.

Cheshire et Cheyne, qui ont spécialement étudié la loque, ont reconnu qu'elle était engendrée par un bacille, le *bacillus mesentericus vulgaris*, très commun dans la nature, et en évolution dans un milieu spécial, favorable à sa fructification.

Des remarques faites par des apiculteurs habitant des régions contaminées, ou l'ayant été, il résulte que la loque apparaît presque toujours en fin de saison, dans les ruches faibles, sur le dernier couvain, et qu'elle se propage avec rapidité au printemps, surtout lorsque ces colonies malades et faibles viennent à être pillées. L'ensemencement se fait sur le couvain sain par simple contact d'abeilles, ou par des apports de miels contaminés.

A quelle cause faut-il attribuer la transformation du *bacillus mesentericus* en un bacille pathogène aussi terrible que le *bacillus alvei* ? Est-ce au refroidissement du couvain, à l'humidité, aux apports du dehors ou au nourrissement stimulant, etc. ? Personne n'a encore pu solutionner la question.

Quoi qu'il en soit, si un cas de loque vient à se produire dans votre rucher, vous devez appliquer le traitement que nous allons indiquer ; c'est la seule planche de salut qui vous reste.

Le diagnostic de la maladie est facile à faire : les ruches atteintes exhalent une odeur repoussante, les larves se décomposent en produisant des gaz qui crèvent les opercules. La matière devient visqueuse, très adhérente, et s'étire comme la glu.

Traitement de la loque. — Quand un cas de loque est signalé au printemps, commencez par réduire les entrées des ruches faibles et suspectes, et occupez-vous d'abord des colonies saines.

Glissez sous chacune d'elles, deux ou trois boules de *naphtaline*, puis distribuez-leur 2 kilogrammes de sirop, obtenu en faisant dissoudre 4 kilogrammes de *sucre* dans 3 litres d'*eau*. Pendant l'ébullition, vous ajoutez au sirop deux cuillerées à café de la *solution Hilbert*, composée de 50 grammes d'acide *salicylique* et 400 grammes d'*alcool*.

Occupez-vous ensuite des ruches contaminées. Par une belle journée, emportez-les successivement dans un local clos ; puis, après un enfumage copieux, brossez successivement toutes les abeilles des ruches atteintes dans une ruche neuve ou désinfectée, simplement garnie de feuilles de cire gaufrée. Mettez les boules de *naphtaline* sur le plateau, et nourrissez au *sirop salicylaté*, jusqu'à la miellée, à la dose de 50 grammes par jour.

Ce procédé est infaillible, à condition de surveiller

toutes les colonies, et de recommencer la même manœuvre si l'une d'elles venait à se contaminer à nouveau.

Les auteurs allemands recommandent de brûler tout le matériel infecté. Nous sommes de leur avis pour les cadres construits; quant aux ruches, il est possible de les désinfecter par un lavage au *lysol* à 4 p. 100, complété par un autre lavage à l'*acide formique* à 10 p. 100.

TABLE ALPHABÉTIQUE

TABLE DES MATIÈRES

TROISIÈME PARTIE

CONSTRUCTION DES RUCHES ET DU MATÉRIEL D'APICULTURE

QUATRIÈME PARTIE

CRÉATION DES RUCHERS

CINQUIÈME PARTIE

CONDUITE ET EXPLOITATION DES RUCHES

SIXIÈME PARTIE

USAGES DU MIEL ET DE LA CIRE

SEPTIÈME PARTIE

LES ENNEMIS ET LES MALADIES DES ABEILLES

14088-II. — Corbeil, Imprimerie Crété.

ENTOMOLOGIE
ET PARASITOLOGIE AGRICOLES
Par G. GUÉNAUX

2ᵉ édition revue et augmentée (4ᵉ mille)
1909, 1 volume in-18 de 528 pages, avec 413 figures

Broché...................... 5 fr. | Cartonné................ **6 fr.**

Couronné (Médaille d'or) par la Société nationale d'agriculture.

La nécessité s'impose d'apprendre à lutter contre les ravages des animaux nuisibles à l'agriculture. C'est à cet état de choses que M. Guénaux a tenté de remédier, en donnant aux agriculteurs les notions pratiques indispensables pour défendre les champs, les vignes ou les bois contre leurs plus redoutables envahisseurs.

M. Guénaux débute par l'étude des êtres les plus inférieurs ; puis viennent les *Vers* qui comportent de grands développements, car ils renferment la majeure partie des parasites internes dont les animaux domestiques ont si fréquemment à souffrir.

M. Guénaux étudie ensuite les animaux articulés (*Arthropodes*).

Les *Insectes* sont de beaucoup les plus importants. Cette partie capitale de l'ouvrage a reçu les développements qu'elle comporte : *Insectes nuisibles à toutes les cultures, aux céréales, aux plantes fourragères, aux plantes potagères, aux arbres fruitiers, à la vigne, aux arbres forestiers, aux plantes horticoles et d'ornement, aux animaux domestiques et à l'homme,* ainsi qu'aux habitations, aux boiseries, aux vêtements et aux matières alimentaires.

Cette division facilitera les recherches de l'agriculteur, qui connaît toujours trop bien les dégâts, mais qui ignore le plus souvent la description scientifique de l'insecte auteur des ravages.

Dans un chapitre spécial, M. Guénaux a pris soin de résumer les principaux procédés de destruction en usage contre les insectes ; le lecteur y trouvera les formules les plus usitées dans les *traitements insecticides.* Cette dernière partie a notamment été très développée dans la *deuxième édition.*

Pour terminer, M. Guénaux traite des *Myriapodes,* puis des *Arachnides* qui renferment un grand nombre d'animaux nuisibles, entre autres les Acariens, parasites des animaux domestiques.

« Il n'était pas facile de réunir et de présenter avec méthode les matériaux innombrables fournis par un domaine aussi vaste. M. Guénaux s'est employé à ce labeur singulièrement pénible et le résultat de son effort est un livre original qui mérite de prendre place dans la bibliothèque de tous ceux qui s'intéressent aux questions culturales.

« Cet ouvrage a une réelle valeur et se répandra certainement beaucoup dans le public agricole ».

BOUVIER, professeur au Muséum.

LIBRAIRIE J.-B. BAILLIÈRE ET FILS, 19, RUE HAUTEFEUILLE, A PARIS

AVICULTURE

Par Ch. VOITELLIER

Maître de conférences à l'Institut national agronomique

Deuxième édition

1909, 1 volume In-18 de 486 pages, avec 162 figures

Broché.................... 5 fr. | Cartonné................. 6 fr.

Cet ouvrage débute par un rapide exposé de l'anatomie et de la physiologie des oiseaux. L'auteur aborde ensuite la question de la multiplication des oiseaux de basse-cour et de leur perfectionnement ; il étudie l'incubation, l'élevage et l'engraissement, puis l'alimentation rationnelle des animaux. La troisième partie est consacrée à la description des espèces et des races qui peuplent les basses-cours, avec une appréciation de la valeur pratique de chaque race.

Tout ce qui peut contribuer à rendre rémunératrice l'exploitation de la basse-cour forme la quatrième partie du volume : la spécialisation des productions, l'aménagement des basses-cours, les soins hygiéniques à donner aux volailles, le traitement de leurs maladies, l'aviculture à la ferme, l'aviculture en dehors de l'exploitation agricole, l'aviculture industrielle. Dans la dernière partie, M. Voitellier étudie les conditions économiques de l'aviculture, et donne d'utiles indications sur l'utilisation des produits avicoles.

PISCICULTURE

Par G. GUÉNAUX

Préface de M. DELONCLE

Inspecteur général de la Pisciculture.

1910, 1 vol. In-18 de 489 pages, avec 164 figures

Broché.................... 5 fr. | Cartonné................. 6 fr.

La première partie de l'ouvrage est consacrée à la description des familles et des espèces. Elle est illustrée de nombreuses figures.

La deuxième partie traite de la *Pisciculture naturelle* : M. Guénaux étudie les causes, les conséquences et les remèdes au dépeuplement des cours d'eau, puis le repeuplement par la pisciculture naturelle ; il étudie les frayères et les échelles à poissons. Il passe ensuite à la pisciculture dans les lacs et les étangs : il étudie successivement l'élevage de la carpe, de la tanche, des cyprinides, du brochet, de la perche, de l'anguille, de la truite, etc.

La troisième partie est consacrée à la *Pisciculture artificielle*, à la fécondation et à l'incubation artificielle. La pisciculture artificielle de la truite et des salmonidés est étudiée en détail.

Vient ensuite le repeuplement artificiel des cours d'eau et l'acclimatation des poissons étrangers. L'ouvrage se termine par la faunule et la florule aquatiques et par les maladies et les ennemis des poissons.

LIBRAIRIE J.-B. BAILLIÈRE ET FILS, 19, RUE HAUTEFEUILLE, A PARIS

LAITERIE

Par Charles MARTIN
Ancien directeur de l'École nationale d'Industrie laitière de Mamirolle.

Deuxième édition

1908, 1 volume in-18 de 424 pages, avec 128 figures

Broché.................... **5 fr.** | Cartonné................. **6 fr.**

Couronné (Médaille d'or) par la Société nationale d'agriculture.

Ce livre s'adresse à tous ceux qui ont des intérêts dans l'industrie laitière, soit à titre de producteurs, soit comme exploitants.

L'ordre adopté est le suivant.

L'*étude du lait* vient en tête. Ce liquide est de composition très variable et il importe de bien connaître les éléments qui interviennent dans sa production, afin de chercher à l'obtenir avec les qualités voulues.

Les *microbes* jouent un rôle si important dans la laiterie, qu'un chapitre spécial leur a été consacré.

Les *procédés pratiques de contrôle* sont décrits en détail.

M. Martin décrit ensuite le *commerce du lait en nature*, puis la préparation du lait stérilisé.

L'*industrie beurrière* est ensuite traitée. Elle a subi des perfectionnements notables depuis l'introduction de l'écrémeuse centrifuge.

L'*industrie des fromages* présente des difficultés plus grandes, car des fermentations complexes interviennent. Viennent ensuite les installations, le pesage et le mesurage du lait, la traite, le conditionnement après la traite, le transport. La fabrication du gruyère a été particulièrement développée.

Un chapitre a été consacré aux *industries diverses*, lait condensé, lait séché, képhyr, et un autre aux *sous-produits*, lait écrémé, lait de beurre et petit lait.

La coopération laitière, très en progrès dans notre pays, ne pouvait être passée sous silence. M. Martin l'a signalée en donnant les détails nécessaires sur le fonctionnement des *beurreries coopératives* et des *fruitières*.

Dans la 2ᵉ *édition* de plus grands détails ont été donnés sur la fabrication du beurre et du fromage. La question de l'emploi des ferments sélectionnés a été traitée à fond. Une partie spéciale a été consacrée à l'industrie de l'Emmenthal.

Les industries diverses, lait condensé, lait séché, etc., et les sous-produits ont reçu le développement que nécessitait leur importance sans cesse croissante.

ENVOI FRANCO CONTRE UN MANDAT POSTAL

Librairie J.-B. BAILLIÈRE et FILS, 19, rue Hautefeuille, Paris

LE LIVRE DE LA FERMIÈRE

PAR

Mme Léon BUSSARD

1906, 1 volume in-18 de 534 pages, avec 208 figures

Broché..................... 5 fr. | Cartonné................... 6 fr.

Couronné (Médaille d'or) par la Société nationale d'agriculture.

S'il est une situation où une instruction spéciale soit indispensable, c'est celle de la femme appelée à vivre au milieu des champs.

Préparer la femme à remplir le rôle qui lui appartient à la campagne est donc d'un intérêt de premier ordre. Ce qu'il faut lui inculquer, ce sont les notions simples et pratiques qui se rapportent à la part qui doit lui revenir dans la conduite du personnel et des travaux de la ferme, et dans les rapports avec le monde extérieur. Il faut qu'elle soit à même de comprendre l'œuvre du cultivateur, d'y collaborer dans la mesure de ses moyens, de diriger le ménage, la basse-cour, la laiterie, le jardin, etc. Il faut qu'elle puisse être à l'intérieur l'âme directrice de la ferme ; à l'extérieur, il faut qu'elle sache soigner les malades, panser les blessures et donner les premiers secours en cas d'accident.

Le Livre de la fermière renferme, sous une forme simple, accessible à toutes, les connaissances que doivent acquérir et posséder les femmes de la campagne et développe, comme il convient, un programme qui répond de tous points à la conception juste du rôle de la femme compagne de l'agriculteur.

Successivement, il traite des dispositions de la maison d'habitation, de l'hygiène générale, des soins à donner aux enfants, de l'alimentation, du linge et des vêtements, de l'administration domestique, et, enfin, des trois importants chapitres où se concentre l'industrie de la femme à la campagne : la laiterie, la basse-cour et le jardin de la ferme.

L'alimentation comprend tout naturellement, quand il s'agit de notions destinées à une ménagère, l'art de préparer les aliments. Mme Bussard lui consacre d'excellentes pages et nous donne un petit traité de cuisine limité aux besoins ordinaires de la vie rurale, sans oublier les procédés de conservation des produits alimentaires, des légumes, des fruits et des boissons. Les soins de propreté, la désinfection, les premiers secours à donner aux blessés, les soins aux nouveau-nés et aux malades remplissent de très intéressants chapitres. Mme Bussard ne néglige pas les mille recettes utiles dans toute installation domestique pour l'entretien des meubles, du linge, la tenue des comptes du ménage, etc.

La Société nationale d'Agriculture de France a récompensé d'une médaille d'or cet ouvrage qui est un livre de bon conseil et qui favorisera ce bienfaisant retour à la terre, préconisé avec tant d'éloquence par l'un de ses membres les plus éminents.

TISSERAND, directeur honoraire de l'Agriculture.

www.ingramcontent.com/pod-product-compliance
Lightning Source LLC
LaVergne TN
LVHW020954050726
842519LV00001B/247